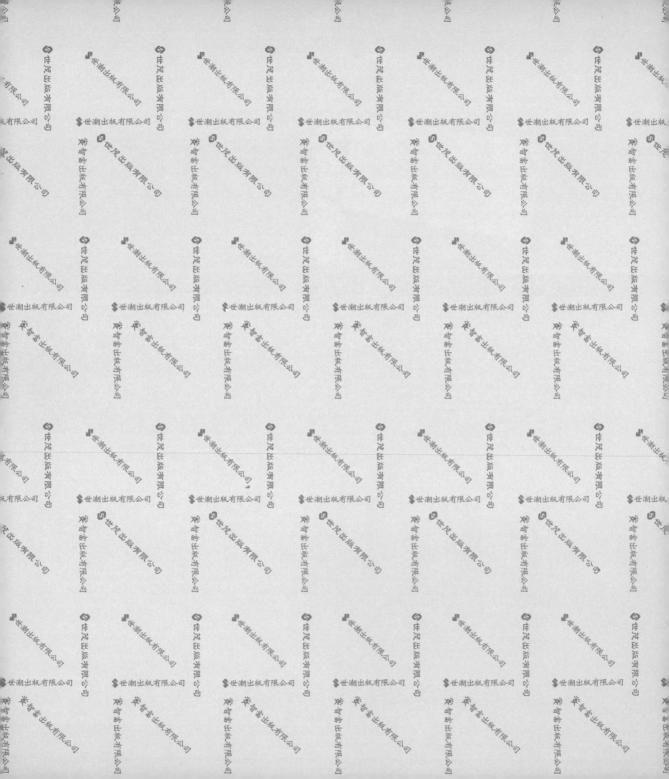

媽 咪 安 心 手 冊 2

1分鐘搞定 0～12個月的寶寶

小兒科醫師 光山恭子
營養學博士 上田玲子◇合著
黃茜如◇譯

目錄

第一部

寶寶的生理發育、運動發達與媽媽的影響

第二部

哺乳的要領及斷奶飲食的基礎

第三部

呵護寶寶的每一天

第四部

寶寶的健康管理與疾病

第一部

寶寶的生理發育、運動發達與媽媽的影響

嬰兒的一舉一動

原始反射

下圖所示，是剛出生正常嬰兒仰臥的姿態。不管臉轉向哪一邊，手部皆呈半彎曲，腳部曲膝，大腿向外張開。若俯臥，寶寶的姿勢爲曲肘、曲膝，臀部高於頭部。

剛出生的嬰兒表現出各種原始反射（未成熟的反射機能），例如把手指放在手掌中，寶寶會緊緊地握住外來的指頭，這是所謂的抓握反射(Palmar grasping reflex)；把指頭放入寶寶的嘴裏，立刻會有吸吮的動作；像驚嚇時，寶寶會迅速將手臂向外張開，雙腳直伸，兩手高舉的莫洛反射(Moro reflex)等。當洗澡或周遭發出大聲響時，常可見到新生兒的驚嚇反射

●新生兒的仰臥姿勢

將寶寶放在床上自然的正常姿勢。大腿向外張開、膝蓋稍微彎曲，膝蓋及雙手雙腳無法完全貼在床上。

(Startle reflex)。

雖然是剛出生的嬰兒，但表情多彩多姿。新生兒的意識水準可分爲6種狀態：清醒（①眼睛張開，乖乖的很安靜②眼睛張開，活潑地舞動四肢③哇哇大哭）、睡眠（①熟睡②淺睡眠③昏沈發呆的狀態）。

剛出生的嬰兒並非都在睡覺。他會哭、清醒睜著大大的眼睛、活潑的運動手腳，等待著來自媽媽的影響及互動。

●新生兒生理性的體重減輕是營養的母乳使然

並非生產後的第一天開始，母親即有母乳，且新生兒也不是很會吸吮乳汁。由於排出胎便，寶寶出生後的第三天，體重會降到最低。約需7～10天左右，嬰兒才會恢復到出生時的體重。根據醫院的調查，沒有一個完全靠攝取母乳營養的嬰兒，在出生後的第7天，其體重回復到剛出生時的重量。只有靠人工奶粉或半哺乳半牛奶的餵食方式，出生後1週左右，寶寶體重才能到達剛出生的重量，完全採母乳哺育者，約只有20%的新生兒可回復剛出生的體重。出院時，即使體重未回復出生時的重量，媽媽也不必太擔心。

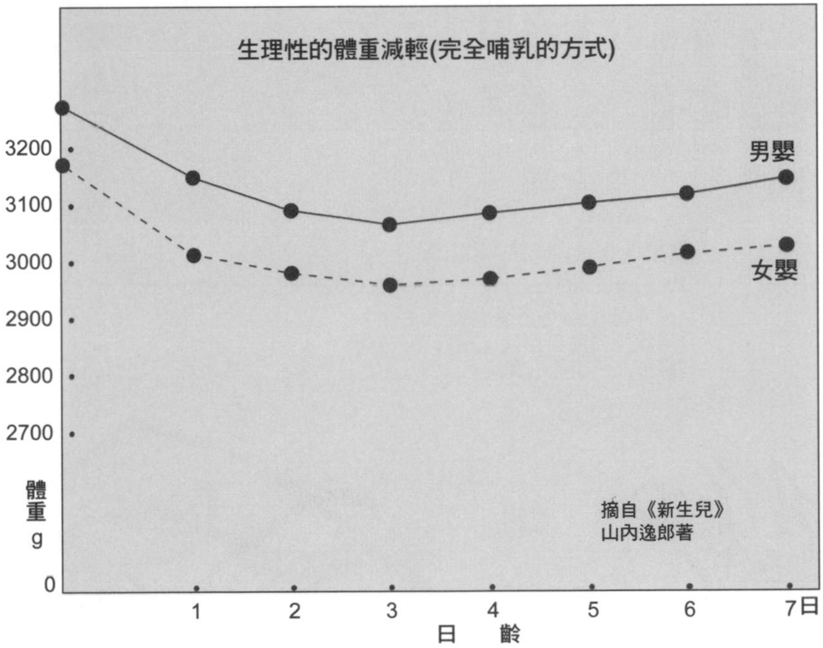

●睡眠的變化

出生後的第一個月內即可觀察到寶寶睡眠的變化。雖然剛開始清醒與睡眠的頻率分界很小，但漸漸的趨於規律。

摘自《新生兒》
山內逸郎著

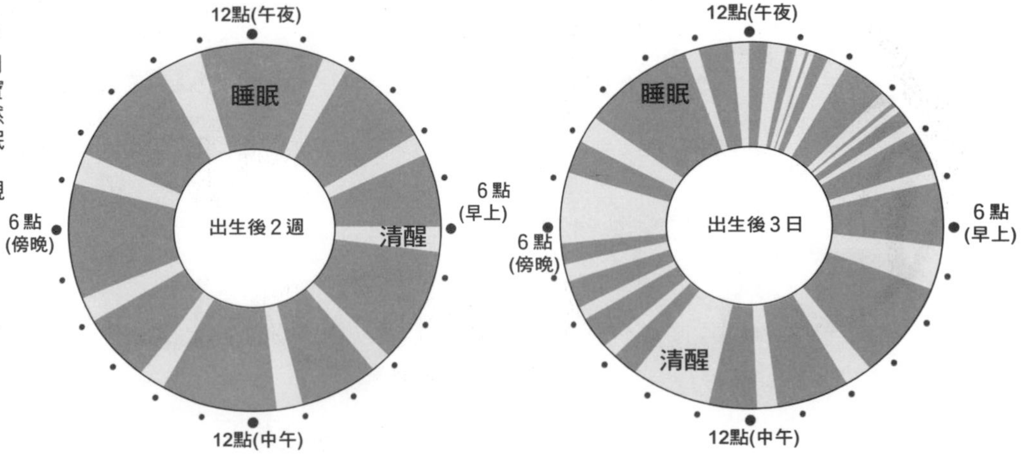

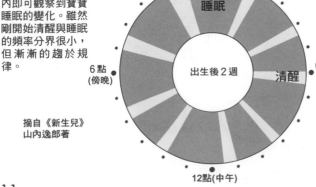

媽媽的影響

肌膚之親

面對剛誕生的新生命，母親的心中感動莫名。但完成了生育大事之後，放下心中大石頭的瞬間，育兒此項長距離的馬拉松工作才正要開始。

母親給新生兒的第一個影響即是肌膚之親。近來分娩後，嬰兒的臍帶尚未剪斷，就將寶寶抱給母親看。

事實上，剛出生的寶寶眼睛能看得到東西，但出生後的一個小時之內，新生兒大多處於覺醒的狀態眼睛睜得大大的。利用此機會，做母子間第一次的肌膚接觸，以建立濃烈的母子情感。

●第一次哇哇大哭的新生兒

新生兒第一次肺呼吸所引發的第一聲哭聲。讓母親充分展現出「母愛」，其喜悅之情溢於言表，端詳著向新世界跨出第一步的小寶貝。

有些醫療院所並無出生後未剪斷臍帶即將寶寶抱給母親看的作法。但儘可能在出生後的短期間內讓母子接觸，畢竟母子連心。

成功的母乳育兒

剛出生的寶寶眼睛看得見，母親的手腕抱著嬰兒，嬰兒的眼睛中都是媽媽的形象，這是四目交接相互關注最適當的位置。哺乳的次數越多，母子間眉目接觸的機會也就越多。希望母乳育兒的媽媽要有豐富的母愛，在寶寶心中深刻地烙下母親這個印象。成功母乳育兒的要訣：餵乳不受時間限制及對嬰兒體重的增加不要太在意。

住院期間有醫護人員的協助與幫忙，回家後，就要母親一個人戒慎恐懼的照顧寶寶。家事可請周遭的人幫忙，讓母親有充足的時間貼近、照料嬰兒。寶寶安靜睡覺時，媽媽可以喘口氣休息一下，待嬰兒醒來後，媽媽要抱著寶寶多跟他說說話。

●母子的互動作用（Mother Infant Interaction）

雖然是新生兒，寶寶會隨著媽媽溫柔的說話聲活動身體作為回應。父母與新生兒間有所謂「共鳴運動」稱為互動作用。

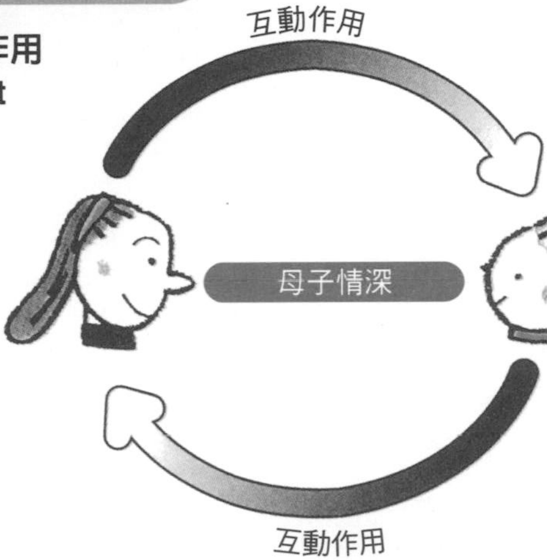

肚臍的消毒

臍帶約5~7天後自動脫落，且大多在住院期間即脫落。肚臍的消毒處理，可請醫護人員協助。

但是，有些嬰兒出生兩週後，臍帶還不會脫落。出院回家後，若臍帶已脫落，呈潮濕的狀態時，以酒精消毒。如果持續的潮濕或出血，恐有化膿的危險，請回院診察。

①肚臍潮濕，請用棉花棒沾酒精，消毒肚臍。

②用酒精消毒後，再貼上市售的殺菌紗布。

③肚臍稍微乾燥後，再擦上消毒劑即可。

1個月大的嬰兒

嬰兒的一舉一動

具有將手用力伸直的力量

新生兒的體重約3000g左右，1～3個月每天約增加25～30g。滿月後，克服了生理性的體重減少，大口大口的喝母乳，寶寶漸漸的豐潤。在身高方面，前三個月，每個月平均長高3～5公分，慢慢地身高的成長便不明顯，但是嬰兒一天天的長大。

新生兒的手肘、膝蓋彎曲，全身似縮曲狀。但是手腳伸直的筋肉，已有些許的力量，亦常見寶寶單手伸直的模樣。嬰兒趴著的時候，和剛出生時一樣，手、腳會有些彎曲，他的腳比在媽媽的肚子裏時長一些。雖然膝蓋有些彎曲，但他也會用力伸直。

● 1個月大的嬰兒俯臥的姿勢

頭部會轉向一邊，有些嬰兒會抬高臉部。

● 1個月大的嬰兒仰臥的姿勢

和剛出生的嬰兒仰臥的姿勢相同。雖然一隻手稍微的彎曲，但另一隻手卻能用力伸直。經常活動手、腳，常常發出可愛的聲音。

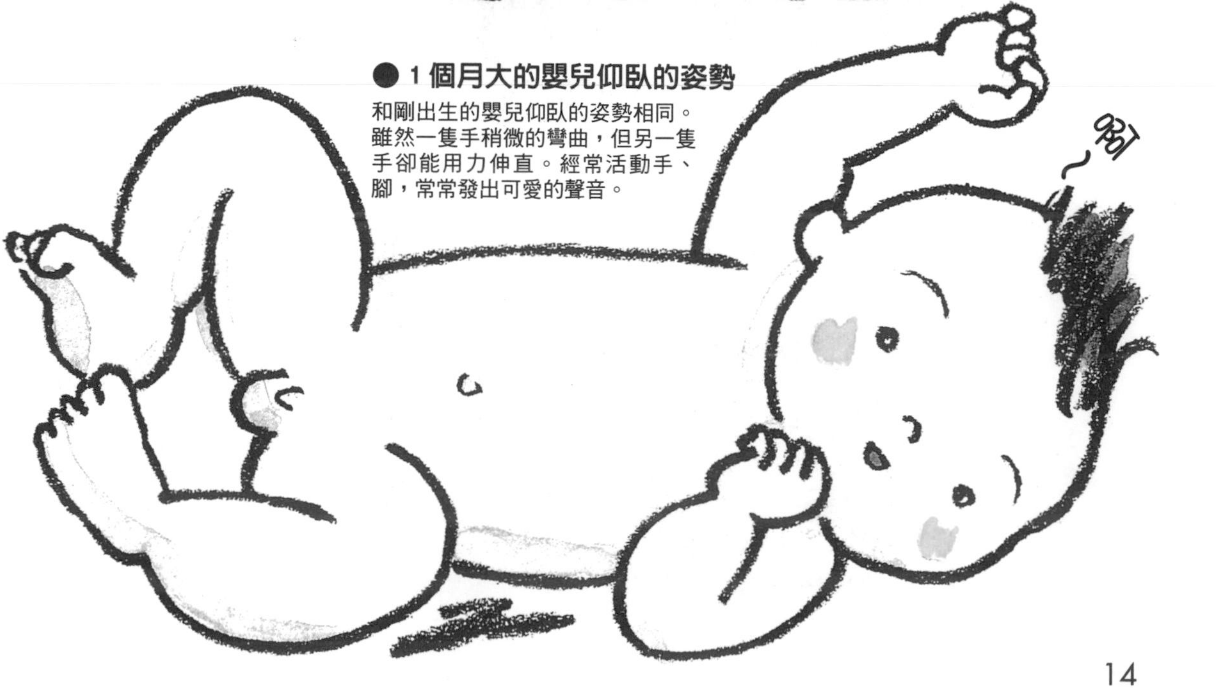

寶寶的表情逐漸豐富

依然出現莫洛反射、抓握反射等現象，這些原始反射：快的話—出生2個月後；慢的話—出生4個月後即消失。

寶寶滿月後，表情越來越多。有時候會開心的笑。媽媽逗寶寶，寶寶高興的笑是給媽媽最好的回禮，因寶寶仍處於原始微笑反應的階段，社交式的微笑並未成熟。媽媽安撫正在哭的寶寶，寶寶即停止大哭。媽媽和寶寶之間的親情更加濃厚。可觀察到寶寶注視媽媽或光亮處，追尋著會動的東西，由此可見寶寶的視力發達。

寶寶你在看什麼呀？

隨著逐漸能區別白天和夜晚，醒著時候的表情堅定。注視著某物或某處。

寶寶你在笑嗎？

典型的微笑反應的表情。經常可在淺睡眠時看見。引起父母高興的表情。

你看！寶寶張開他的手了。

手經常會張開。近來，有很多寶寶在早期即會張開手。

1個月大的嬰兒

媽媽的影響

爸爸也要參加育兒工作

嬰兒的脖子、頭都還軟軟的，有很多爸爸覺得抱寶寶是一件可怕的事。但是父親應趁嬰兒誕生的機會，儘早培養父愛。

寶寶在家中已經生活了數週，醒著的時間變長，嬰兒等待著爸爸、媽媽的呵護。爸爸務必騰出時間多與嬰兒接觸。

寶寶醒著的時候（眼睛專注著某處），非常渴望有人和他作伴，須多和他接觸、互動，如此亦能養成固定的哺乳、睡覺時間等規律的生活。寶寶發出聲音，爸爸或媽媽也要學寶寶的聲音回應他，如此重複幾次，自然會得到寶寶的反應。

從每天的接觸中，寶寶感受到父母對他的愛。媽媽、爸爸務必和嬰兒快樂的說話。會幫寶寶換尿布的爸爸是個好爸爸。

寶寶目不轉睛的看著抱著自己的媽媽，但有些嬰兒還不會如此注視。

面對面輕聲細語的和他說話、輕輕的按摩等，有助於嬰兒智力的發展。

外出做做日光浴

滿月後，即可開始準備讓寶寶到戶外呼吸新鮮空氣、曬曬暖暖的太陽。打開窗戶，但不要讓寶寶直接吹到風。接下來可前進到陽台或玄關。

風大的日子不宜。冬天適合在中午有溫暖的陽光，夏天則宜在早晚陽光較弱的時間外出。

對寶寶而言，呼吸戶外清爽的空氣是一件新鮮的體驗。要幫寶寶多穿一件衣服。溫柔的和寶寶說話。

寶寶醒著的時候，一張一握地玩他的手指。媽媽用手指，撫摸他的小臉。

換尿布或洗澡時，用手掌輕輕的按摩，若寶寶容易便秘，請按摩腹部中心部位。

2個月大的嬰兒

嬰兒的一舉一動

動作、表情豐富

全身靈活，手腳能自由的活動。讓他仰臥，他的手腳會啪啪的活動，連帶的使頭部往上移動，蓋不到棉被。

手部的動作也很豐富，拳頭握緊、張開，一張一握，吸吮手指頭，讓他握會發出嘎啦嘎啦聲響的玩具，會立刻掉下來，但瞬間可緊握住。

讓寶寶趴著，頭部可以抬高一下子。頭部的肌肉漸漸的發達結實。

身體成長的同時，智力也逐漸的增加，表情更加明確。熟睡時會睡得很熟，淺睡眠時，可看到寶寶皺眉頭或伸直手腳的動作……。

醒著的時候，一直看著媽媽，可愛的笑著，頭部追尋著聲音轉來轉去。開始發出「啊─啊」、「嗚─嗚」等喃喃自語的聲音，自然引起母親對寶寶的萬分不捨與關愛。

觀察嬰兒視力的研究，最有名的莫過於范茲(Fantz,1958)的實驗。根據其實驗顯示，寶寶最常注視的是人像畫。由此可顯示出，寶寶最愛戀的人也是他第一個認識的人──媽媽。

從滿月後開始，每天讓寶寶趴著幾次。出生後的2個月，你看！頭、頸部即能如此的抬高。不久，就可抬起胸部。

根據研究者沙拉派特克（Sarapatk）的記錄，寶寶看到人的臉時，其視線的移動路線是：出生1個月的嬰兒，視線集中在頭髮的四周，出生2個月的寶寶則集中在眼睛及嘴巴。由此可知，常和嬰兒對看、對話等互動非常的重要。

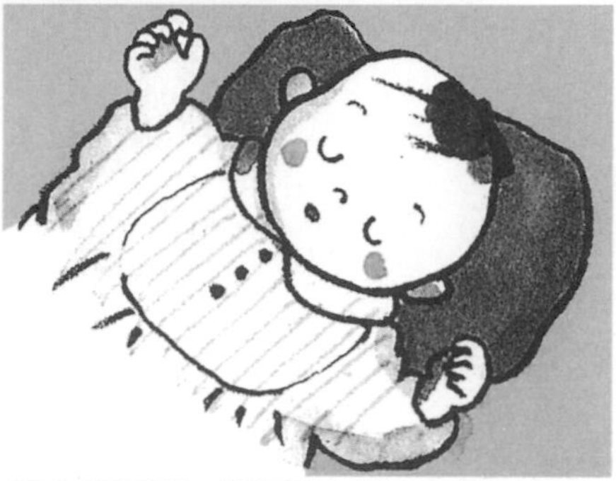
手已不再緊握，從睡覺時的表情看來，是處於熟睡的狀態。

醒著的時候，媽媽和寶寶說話，他會目不轉睛的注視著。有時和他說話，寶寶會開心的笑。

淺睡眠的表情各式各樣。有時笑，有時用力伸展四肢等，變化多端。

噘著小嘴，熟睡入眠。注意手部的動作，有時張開，有時握緊。

●嬰兒喜歡看人的臉部
（范茲的實驗）

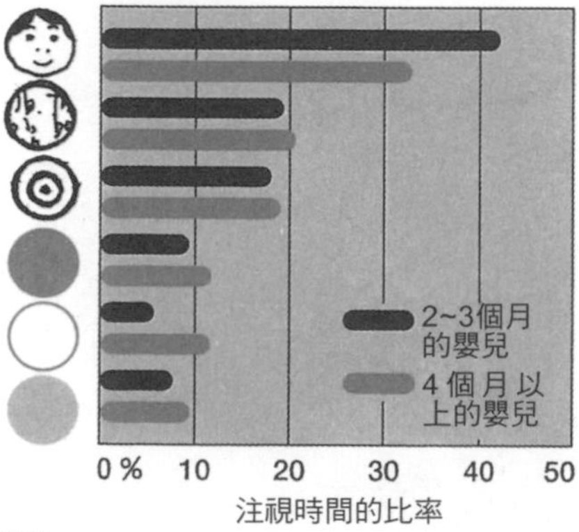

●嬰兒看人臉部的視線移動圖
（沙拉派特克的實驗）

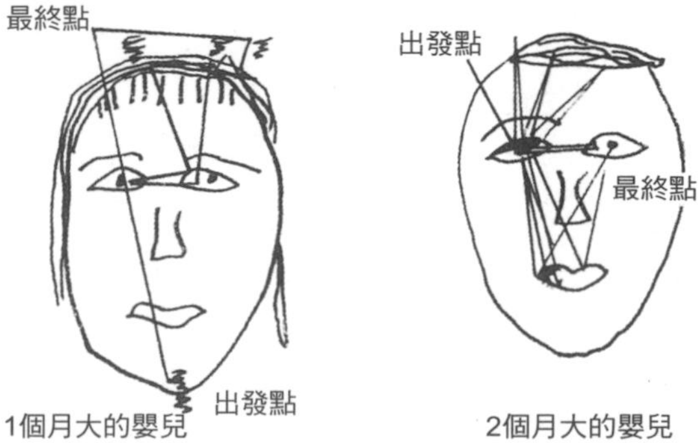

2個月大的寶寶會將視線，集中在媽媽充滿母愛的眼睛及嘴巴。

2個月大
的嬰兒

媽媽的影響

視力及聽力顯著的發達

讓媽媽的影響領先寶寶的成長。首先是日光浴，讓寶寶稍微適應戶外的環境。嬰兒也會厭倦整天睡覺的生活，換尿布、洗澡時裸露身體的機會大，可趁機幫寶寶做做體操。

智力發展的方面，母親的影響力很大。由於視力、聽力的發展顯著，要給寶寶玩會發出嘎啦嘎啦聲響的玩具，播放ＣＤ或錄音帶讓他聽聽柔和的音樂，或畫一大張輪廓鮮明的人像讓他看。無庸置疑，媽媽輕柔的講話聲是不可或缺的禮物。

愉快的和寶寶對話吧！媽媽的手指是寶寶的最佳玩具。

寶寶你在看什麼呢？讓他一邊看易辨識的鮮紅色的玩具，一邊和他說話。

此時期，寶寶喜歡的顏色是紅色及藍色。喜歡圓形的東西。對以紅、藍、黃等三原色做成的紙球很有反應。

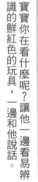

我們來鍛鍊肌肉吧！

●換尿布的時候

媽媽的雙手握住寶寶的腳踝，把腳拉直，雙腳再輪流曲膝，重複數次。

●散步的時候

用手推車推嬰兒到附近散步。媽媽也可順便轉換一下心情。不要讓陽光直射寶寶，調整一下帽子或遮陽蓬。隨季節不同，每天上午10點到下午2點是紫外線最強的時候，外出散步請避開此時段。

早上散散步，心情格外的舒服。

●換衣服的時候

適度的給予刺激，讓寶寶的肌膚適應環境及氣溫的變化。換衣服時，以脫下來的衣服從身體的前端往心臟的方向，輕輕的摩擦寶寶的肌膚。

擦擦腳腳，才會結實喔！

背部也要擦擦，才會快快長大。

3個月大的嬰兒

嬰兒的一舉一動

頸部較堅硬能挺直

3個月是嬰兒成長的轉捩點。乳兒期的嬰兒，身體的發育與智力的發展並進。隨著月齡若身體的發育一切正常的話，智能的發展亦會順利。此意味著嬰兒發育進展的標準，即爲頸部能挺直。

讓寶寶坐著，來觀察頸部硬挺的程度。若頭部不會向前傾，即表示頸部硬挺。另一個判斷的方式即讓寶寶趴著，臉部會抬高，有些嬰兒胸部也會些許的撐高。

寶寶仰臥時，會不停的活動手腳。雙手或雙腳抬得高高的，把活動身體當作是遊戲，且樂在其中的時間漸增。

●寶寶的坐姿

①2個月大的嬰兒。讓他坐著，頸部無法支撐，頭會往前傾。

②3個月大的嬰兒。和1個月前截然不同，頸部硬挺，頭不會往前傾。

雙腳高舉像是在高喊「萬歲！」。手腳的活動，左右漸趨一致。

寶寶的頸部直挺後，抱他就比較輕鬆，且他的視野亦較為寬廣。

手活動靈活，讓寶寶拿玩具，一下子就能握住，非常喜歡吸手指頭。

不僅是手指頭，有時會將拳頭塞入嘴裏，也會咬袖子或下襬。且任何到手的東西都往嘴裏放。

除了視力、聽力之外，情緒表達的發展顯著

如果媽媽不在視線範圍內，寶寶會東張西望的尋找。此外，若拿玩具在寶寶面前晃動的話，寶寶的視線會隨著晃動移轉視線。

除了視力，聽力也漸發達成熟。不僅呀呀聲越來越多，且會發出「啊嗯」、「嗚嗯」、「噗噗」等聲音。哄逗寶寶，他會非常的高興，這是情緒表達成熟的證據。相對於新生兒的笑屬於反射動作，3個月大嬰兒的笑，則是對哄逗的社交性反應。

身體越來越圓渾，雙頰、手腳圓潤豐腴，越來越有可愛寶寶的模樣。有些寶寶胖胖的，手腳一圈一圈的，肚子也變大了。

●玩手指的表情

讓寶寶握住會發出聲響的玩具，一下子就能緊握住。但尚不具有玩玩具的力量。

吸吮手指是寶寶的最愛。有些嬰兒睡前吸手指發出啾啾聲。這是成長過程的現象之一，無須擔心。

眼睛看著兩手的接合，一副不可思議的表情。這稱為「關注指頭」，是智力增長的證據。

3個月大的嬰兒

媽媽的影響

哭是嬰兒表達意思的重要信號

1～2個月大的嬰兒，大哭的主要訴求是生理上的不舒服，如肚子餓、尿布濕了等等。但漸漸地隨著寶寶心智的成長，開始會撒嬌的哭，或自己的欲求不能達到時，便嚎啕大哭。

3個月大時，寶寶忽然不明原因的哭起來，像是肚子痛般哭得相當的激烈，讓媽媽不知所措。到了傍晚時分，有些寶寶會抽抽搭搭地哭。

寶寶的哭可視爲向媽媽求助的信號，最重要的是要滿足嬰兒的需求。

你怎麼了？我的小寶貝，黃昏的夕陽，讓你如此的不安嗎？

寶寶的哭按月齡而改變。3個月大的嬰兒，感覺到媽媽的焦躁情緒，他的不安由然而生，即大哭起來。媽媽不在身邊的不安全感或自己想哭等情況都可見到。

寶寶3個月時莫名的嚎啕大哭，媽媽千方百計的安撫、哄騙大都無效，最好的辦法是帶他去「散步」。戶外的空氣有鎮靜心理的作用。不要猶豫，抱起寶寶到戶外走走吧！

寶寶最喜歡做體操

3個月大的寶寶，是最好動的時期。穿上薄薄的衣服，把他放在床上，手腳即開始靈活的運動。媽媽可以幫助寶寶訂一個快樂體操的時間。

如果媽媽覺得做「寶寶體操」是件麻煩的事情，可在換尿布或換衣服的時候，爲寶寶製造活動四肢的機會。此階段嬰兒自身的活動仍需旁人協助。可用乾布摩擦以鍛鍊寶寶的肌膚。

散步有助於媽媽和寶寶的心情轉換。帶寶寶外出散心，寶寶會非常的開心。

晴朗的天氣，不妨帶著小寶貝到附近走走。

①用乾毛巾輕輕的摩擦，按摩寶寶的腹部及四肢。

②媽媽用雙手握住寶寶的腳踝，做腳部的伸展運動。

③寶寶的雙腳抬高時，媽媽可以用手輕輕的拍打寶寶的腳根。

④媽媽的右手托住寶寶雙腳的腳踝，左手支撐著胸部，抱起趴著的寶寶，寶寶的頸部已堅硬的話，媽媽的雙手可抬上、放下幫寶寶做運動。

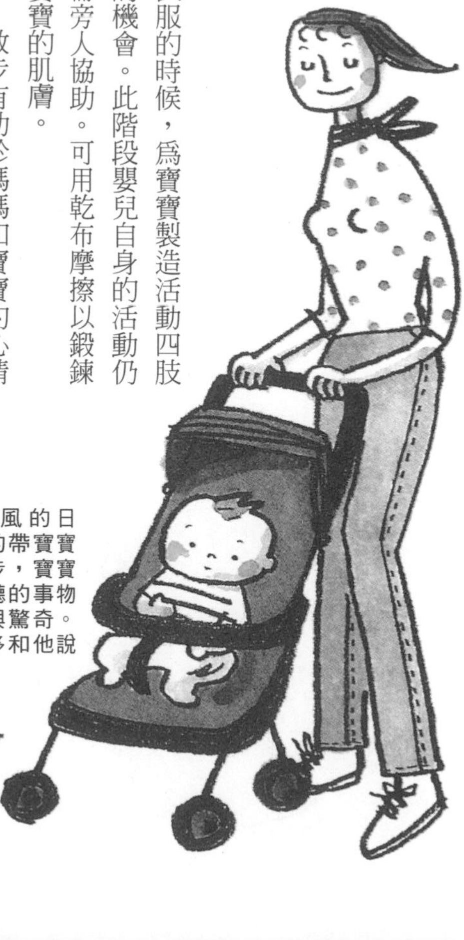

在晴朗無風的日子，積極的帶寶寶到戶外散步，寶寶對所看所聽的事物感到新鮮與驚奇。媽媽也要多和他說說話。

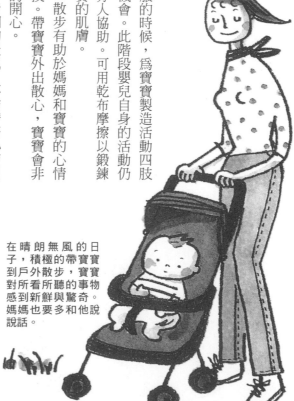

嬰兒的一舉一動

體重增加快速且會想翻身

體重是出生時的2倍，身高約長高10～15公分，表情非常的豐富，可愛得不得了。

寶寶仰臥時，手腳靈活的運動，趴著的時候，不但頭頸部已能堅挺的抬起，胸部亦能抬高，且手腕的肌肉已有相當的力量，讓手可以支撐體重。

媽媽雙手從胳肢窩抱起，寶寶會高興的伸曲雙腳。

若腳部仍舊有些曲膝，是因爲寶寶的腳還未能伸直平貼，這是正常的現象，無須憂慮緊張。運動機能的發展程度因人而異有很大的差異性，有些寶寶已有想翻身的動作出現。當然，比較瘦的嬰兒比胖胖的寶寶身體來得輕，故較好翻身。

一般4個月大的寶寶都能如此的抬高頭部。若手腕的力量夠，寶寶的胸部亦會抬起。

將寶寶抱直，他會高興的反覆伸曲雙腳。

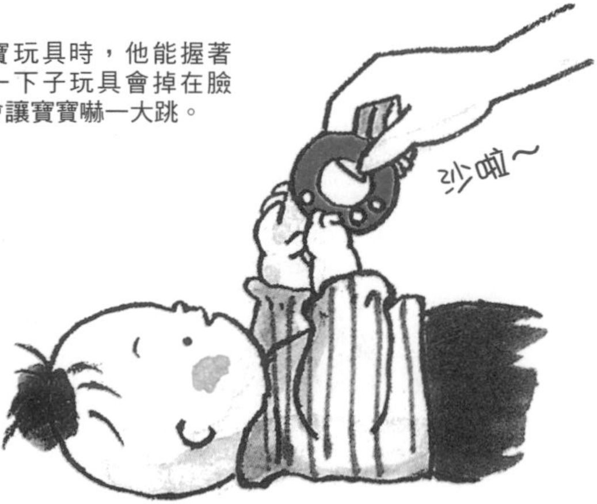

給寶寶玩具時，他能握著玩，一下子玩具會掉在臉上，會讓寶寶嚇一大跳。

●來觀察翻身的動作吧！

讓寶寶仰臥，將右腳放在左腳上呈交叉狀，使腰部自然而然的抬高，隨著腰部的扭轉，上半身即呈趴狀，但左手被身體壓著拔不出來，非常辛苦。

手指的活動發展快速。讓寶寶握著玩具，他能自己玩一陣子，揮動玩具有時會打到自己的臉……。要注意安全，不要讓寶寶玩打到會痛的玩具。

①耶！寶寶注意發出聲響的玩具。拿能引起他興趣的玩具，來誘導他做翻身的動作。

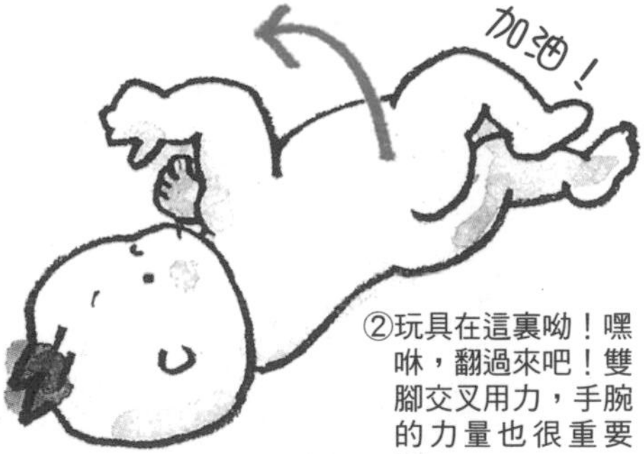

②玩具在這裏呦！嘿咻，翻過來吧！雙腳交叉用力，手腕的力量也很重要喔。

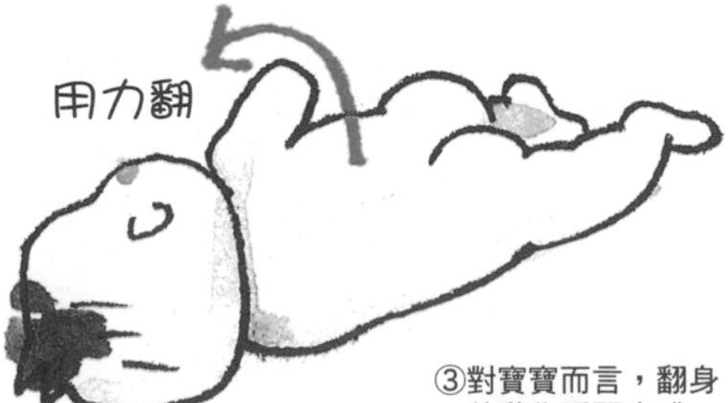

③對寶寶而言，翻身的動作瞬間完成，翻過去的順序是腳、腰部、手腕、上半身。

④使勁的翻過去之後，身體趴著壓到手腕，臉趴在床上，一副很痛苦的樣子。

⑤好不容易鬆口氣，終於抬起頭部。但是手腕還是被身體壓住，嗯，把腳抬高，真是辛苦。

4個月大的嬰兒

媽媽的影響

寶寶是家庭成員的一份子

父母已經習慣有寶寶的生活，無時無刻呵護著寶寶，深怕他生病、營養不良等等。

老實說，父母緊張的情緒比寶寶帶來的喜悅更加強烈。可明顯的看出寶寶一天天的長大，健壯的成長。

希望父母日後能和寶寶快樂的相處，輕鬆的撫育他。

寶寶不是放在壁龕上的寶貴物品，雖然他還小，但的的確確是家中的一員。

父母應考量生活步調，再調整寶寶的生活規律。

讓寶寶俯臥，媽媽從後面抓住寶寶的肩膀，抬起寶寶的上半身。這個動作可讓寶寶的肌肉發達。

抱著寶寶對著鏡子玩「不見了！不見了！BYE！」，寶寶會發出可愛、開朗的笑聲。

寶寶會注意有色彩的玩具。讓他看紅、藍、黃等顏色，以訓練他對色彩的認識。

營養方面，進入斷奶期的準備期。讓他成爲餐桌上的一份了，引起他「吃」的意願。

寶寶約4個月大時，其心智在社交方面已有顯著的發展。媽媽是他的玩伴，爸爸是他空閒時間的好夥伴。親子間能如此如膠似漆的交流，對寶寶的智能發展有莫大的助益。

例如，在鏡前跟寶寶玩「不見了！不見了！BYE！」，媽媽把臉快速的藏起來，這種遊戲可以刺激寶寶的記憶力，鏡中的自己也是玩樂的對象。會哈哈大笑的寶寶，已經是「大人式的笑法」，由此可知其心智的成長。

寶寶的翻身是「移動動作」的第一步。會翻身之後，寶寶的運動量飛快的增加，連帶的使他的視野也更加寬廣。翻身時期因人而異，會有些差距。但有了媽媽的幫助，很快就會翻身了。

●媽媽幫助寶寶翻身的動作

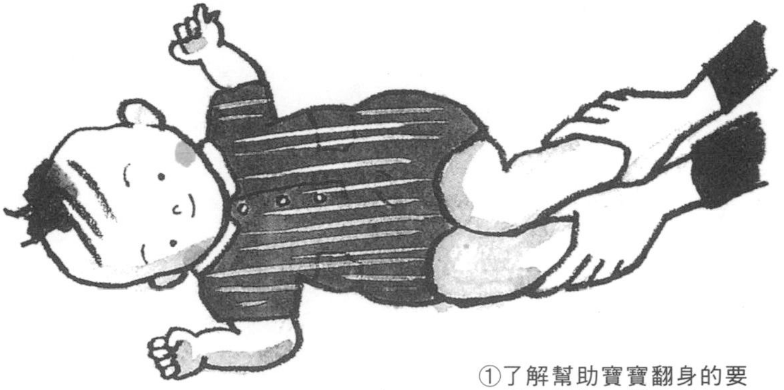

①了解幫助寶寶翻身的要領。首先，雙手輕輕的握住寶寶的腳踝。

②在上方的腳與下方的腳呈交叉狀，若寶寶強烈的抵抗，請即停止。

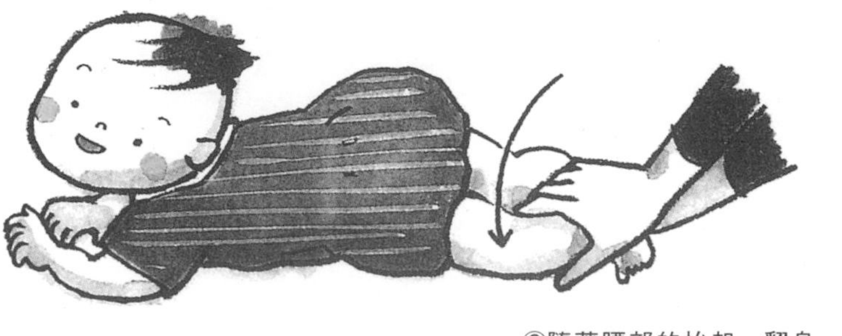

③隨著腰部的抬起，翻身成趴狀。

5個月大的嬰兒

嬰兒的一舉一動

能獨自一人做很多動作

在運動發展方面，基本的發育都已完成，亦即能獨力自主的做很多的動作。讓寶寶仰臥，他會用手抓腳玩，對吸引他的東西會伸手去拿。

讓他趴著，頭部會挺起，用雙手或單手支撐身體。手腳運動靈活的寶寶，讓他趴著雙手雙腳會離開床鋪，像飛機起飛的動作，他可玩得不亦樂乎！

寶寶的運動發展由上而下，從頭部到脊椎，從腰部到腳。5個月大的寶寶，頭頸已堅硬，脊椎也已發育完成。扶住寶寶的胳肢窩讓他直坐，多練習幾次，有些寶寶就學會坐了。

寶寶趴著，不靠手腳，即能將肩膀及胸部抬起。

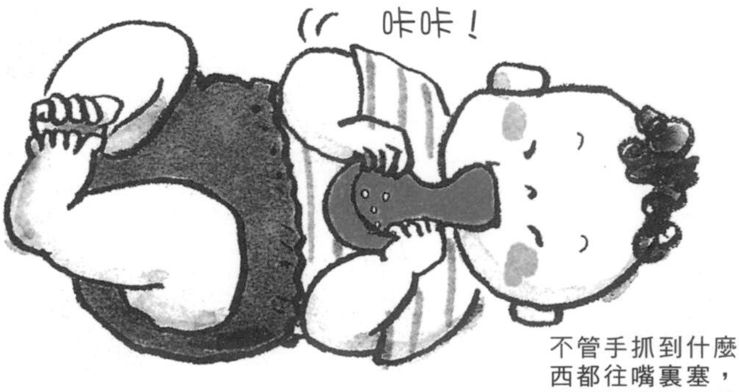

不管手抓到什麼東西都往嘴裏塞，好像要弄清楚是什麼東西似的，以滿足自己的探求心。

扶住背部或胳肢窩，有些寶寶很快就學會坐了。

但多數的寶寶背部還不夠挺，若讓他坐著會往前傾，媽媽要在旁照護。

手非常的靈活，在範圍內能拿到的東西，都往嘴裡送或舔舔看是什麼東西。

好奇心越來越強

隨著具備識別物品的能力，對周遭事物的好奇、探求心更強。肚子餓的時候，看到奶瓶或食物，整個人會非常的興奮、高興。媽媽抱他，他會摸媽媽的臉或把他的手放在嘴裏，來滿足他的好奇心及探求的精神。

還不太會怕生，但看到不認識的人，會出現不可思議的表情。對媽媽的印象最爲深刻。故看到媽媽兇兇的表情，寶寶會想哭。另外，寶寶四下張望的情況越來越多，不管是抱他或揹他，都會不安分的扭動身體或伸出手。

寶寶一面注視著玩具，一面把手伸出去抓玩具。拿目標東西的隨意運動發達。

手不要去拿呀！

抱著寶寶時，他會用手指玩媽媽的臉，此舉動表示他的智能發育。

這是嘴嘴。
張嘴嘴吃飯飯。
ㄇㄢㄇㄢ！

5個月大的嬰兒

媽媽的影響

製造良好的運動環境

身軀已不會軟趴趴的，給予適當的幫助，讓寶寶活動靈活。首先不要讓他自己坐著，危險的東西不要讓他放在嘴裏，製造一個足夠翻身的空間。

如果寶寶翻身還不是很熟練，給他穿上薄薄的衣服（赤腳），媽媽幫助他練習翻身的動作。

爲幫助寶寶運動發達，須積極的成爲他的練習夥伴。寶寶期望會有大膽動作出現的爸爸，也要加入發展寶寶運動的行列。例如：將寶寶從仰臥的姿勢，握住他的雙手，讓他的上半身挺起，並和他說說話，幫助他坐好。

熊熊來跟你玩囉！你好嗎？

讓寶寶坐在娃娃車，他的手可以自由的拿東西玩。不要忘了，媽媽要做他的玩伴呦！

和媽媽握握手吧！
握握手好朋友！

媽媽的手握住寶寶的手做為支撐，讓寶寶練習坐。

咻～飛高高！

最喜歡和爸爸玩變高變高的運動。要注意緊握住寶寶的手肘。

另外，爸爸躺著，好像踩腳踏車的姿勢，緊握住寶寶的雙手，玩變高變高的運動。

寶寶一定會咯咯的笑得很開心，這會是一段美好的親子時間。

言語對話的重要性

寶寶還處在聲音與意思無法連結的喃語階段，會發出豐富的聲音，想要做什麼或訴說不愉快時，會發出很大的聲音，以引起大人的注意。

在情緒方面，渴望與人溝通，不管任何人，一哄騙他，他的表情非常的明白顯示出對方就是「媽媽」且開懷的笑。更加的可愛，讓人疼惜不已，此時期的寶寶期待笑容及說話能持續。

在愉悅的時光中餵食斷奶食品。媽媽坐著抱著寶寶，湯匙保持水平狀態，剛開始時，媽媽和寶寶都會有些緊張！但是很快就會習慣，母子心情愉快，寶寶悠閒的東張西望。

有很多寶寶開始吃一些副食品。對媽媽而言無異又增加一項新的工作，若懂得調理的要領，處理起來並非一件難事。基本上是一邊仔細觀察寶寶，一邊準備「美味的食物」。讓寶寶能愉快吃東西，比讓他吃大量的東西來得重要。

斷奶的目的是從液態的食物，轉成吃有形狀的食物。此時期是練習吞有形食物及咀嚼的時期。

但最重要的是，培養寶寶「吃」的意願。同樣是食物，眼前緊張萬分的媽媽，對寶寶吃東西是一項壓力。希望寶寶能夠多咀嚼多吃一點，若媽媽的表情讓寶寶覺得恐怖或一味地塞給他食物的話，有些寶寶對吃會感到壓力。

所以，媽媽要以輕鬆的心情，在溫馨的氣氛下餵寶寶吃斷奶食物。

6個月大的嬰兒

嬰兒的一舉一動

手指活動靈活

仰臥時，寶寶的頭會往上抬，雙腳舉得高高的，雙手會去抓高舉的腳；俯臥的話，以腹部做支撐點，手腳的運動非常靈活。

有些寶寶已能由仰臥翻成俯臥或俯臥翻成仰臥，隨心所欲的翻身，因每個寶寶的成長有別，有些寶寶則還不會翻身。

全身的運動發達，特別是手指的靈活度最爲明顯，表示對「外界」的認識及探索的能力正在發展。

能單手或雙手拿玩具，且會拿玩具去敲打桌子等等，雖然動作有些笨拙，但若拿會發出聲響的玩具給寶寶，他已會左右手輪流拿握。

寶寶發現激起他好奇心的東西，立刻伸手去抓。不只是玩具，包括鉛筆或媽媽看的報紙（會被他撕破)等等。任何東西都往嘴裏塞或舔一舔，或用牙齦咬一咬。

記憶力已逐漸發展。寶寶只要看不到圍繞在他身邊的媽媽，他的眼睛就會到處找，或者嚎啕大哭呼喊媽媽。

對鈕釦、手錶等有亮光的物品或小東西充滿了好奇心，目不轉睛的注視著。

不管任何東西，寶寶依舊往嘴裏送，探求的精神持續著。

生氣、大哭，自我意識萌生

此階段的寶寶在情緒及與人的交流等方面，已漸漸的發展。對媽媽、爸爸等家人開心的笑、撒嬌等等。但是若陌生人出現，會定定的看著對方，露出與看熟人不同的表情。媽媽一伸出手，寶寶向前探身要媽媽抱他，顯示母子之間的親情。寶寶看到和自己年紀相當的寶寶時，會一直盯著他看，發出聲音表示關心。

想要玩具卻無法即刻到手時，寶寶會生氣、大哭。若拿走他正在把玩的東西，他會做出阻擋的動作，這些現象顯示寶寶的自我意識已逐漸萌生。

逗弄或和他說話，寶寶會發出聲音回應。出生6個月的寶寶已成長至此階段。

①可用透明的布、毛巾或手帕蓋在寶寶的頭上，跟寶寶玩「不見了！媽媽不見了！」。

②寶寶用單手或雙手把布拿開，此特徵性的動作表示認知與手指的動作協調。

媽媽的影響

情緒的發展

5～6個月的寶寶，其笑容明顯的表現出社會性的情緒發展。亦即在人群中，「只要某人在的話」他會開心的笑。

另一方面，除了媽媽之外，其他家人和寶寶接觸少，遊戲、對話不多的話，則此時的寶寶未達此階段應有的成熟笑容。

因寶寶所處的環境不同，情緒方面的發展亦不同。故希望媽媽們能發揮功能，多和寶寶玩遊戲、對話。

不論寶寶幾個月大，都非常喜歡玩「躲貓貓」的遊戲，媽媽只要用一小方塊的布，即能讓寶寶開心的玩。和用手遮臉的遊戲不同，用布蓋住寶寶，讓他找瞬間消失的媽

替代媽媽用手遮臉的方式，以一塊透明的布蓋在寶寶的頭上，和他玩「躲貓貓」的遊戲。寶寶會認真的尋找瞬間突然不見的媽媽。此遊戲有助於寶寶記憶力的增長。

媽，有助於寶寶心智的發展。

寶寶的手腳活動越來越靈活，可讓他嘗試稍微大膽的體操活動。把寶寶高舉以擴大他的視野，倒立或高舉寶寶激發他對外界的興趣。

現在換爸爸出場了！但不要讓寶寶過於興奮，適度的和他玩吧！

力氣大的爸爸，是和寶寶玩高舉遊戲的最佳對象。讓寶寶俯臥，爸爸雙手托起他玩「飛機飛飛」的遊戲；或爸爸坐著，以雙手支撐腋下讓寶寶呈站立，然後爸爸再高舉雙手的「高高運動」等。

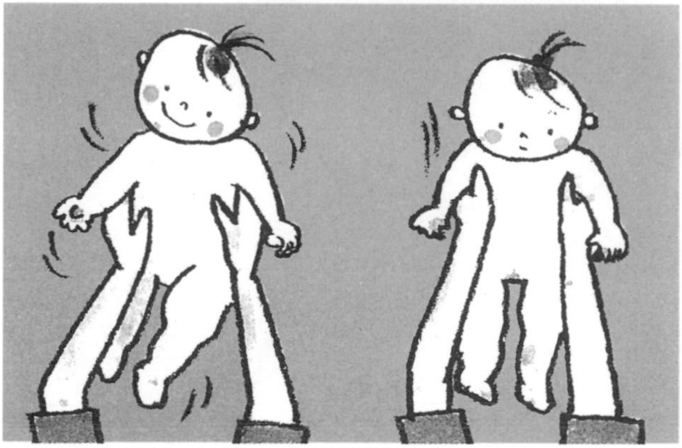

此階段的寶寶大部分都已能自己翻身。若寶寶還不會翻身，可在腹部或側腹等處搔癢來刺激。寶寶的身體蜷曲或腳高舉時，在其左右兩側搔癢以刺激、發展他翻身的本能。

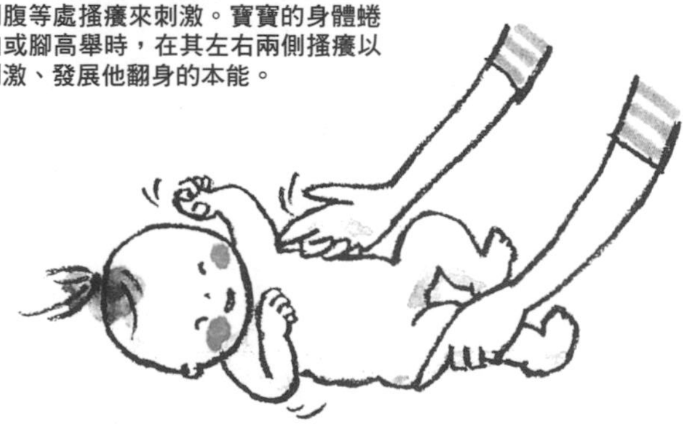

●倒立體操

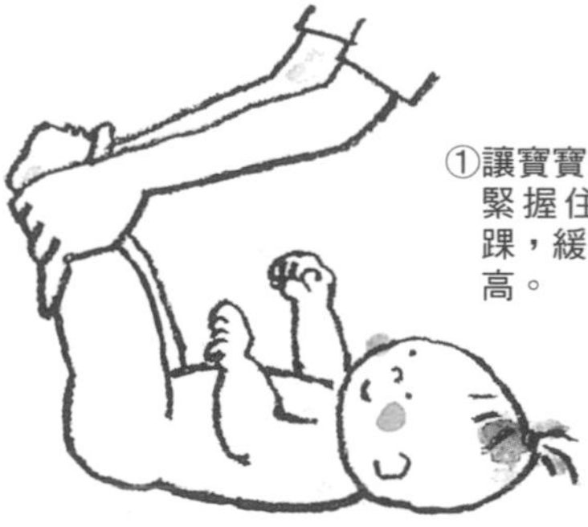

①讓寶寶仰臥，雙手緊握住寶寶的腳踝，緩緩的往上抬高。

②高舉至寶寶的身體呈垂直狀，再慢慢的回復到原來仰臥的姿勢。

7個月大的嬰兒

嬰兒的一舉一動

能坐著，他的世界變大

在運動發展方面因人而異，有些寶寶不會翻身、爬行。但是頸部抬起、坐著、行走等，所有的寶寶都會經歷這些過程，也是判斷寶寶發育的重要指標。

喔！好棒！一開始寶寶的手會扶在床上或張開手腕取得平衡，慢慢的坐起，突然間確實感到寶寶已經長大了。有時寶寶坐著會向前或向後傾，可用軟墊做支撐。

寶寶7個月大時，即能坐著，剛開始的時間短暫，會向前或向後傾，但慢慢地坐的時間變長，自然而然就會坐了。

會坐的寶寶對外界的視野變得更爲開闊，對他的心智給予新的刺激。

視覺、聽覺及觸覺、味覺已有感覺，同時對外界有所認知。拿到手的東西，會一直看著，敲敲看來確認聲響，或舔一舔來確認是否爲他熟悉的東西。寶寶會記住撕紙的動作，媽媽若看見寶寶在撕，會認爲寶寶很「壞」，但對他而言，卻是促進其發展的重要遊戲。

漸漸地他開始會認人。能分辨出媽媽、爸爸及陌生人。在情緒發展方面，熟人是重點，媽媽一不在他的視線範圍便嚎啕大哭，眼睛東張西望的找媽媽。

此階段的寶寶已會認人，有不認識的人「在場」向他伸手，他會緊抓住媽媽開始放聲大哭。出生在大家庭的寶寶，因接觸的人多，比較不怕生。

寶寶的探索行動與日俱增且多變。例如：不停的從面紙盒抽出面紙、撕破報紙、 舔舔拖鞋等等。從大人的眼光來看，不但不乾淨且不衛生，但對寶寶而言，卻是發展階段不可欠缺的行動。

7個月大的嬰兒

媽媽的影響

和寶寶玩「交換遊戲」

此時期的寶寶最喜歡玩交換遊戲，媽媽把東西給他，他再把東西交給媽媽，如此他便覺得有趣，會一直想玩。他會舔一舔、敲一敲、亂丟、亂翻玩具等等，還不能讓他只玩一種玩具。媽媽多和他玩「交換遊戲」或撕紙給他看，讓他模仿等等。

在語言及行動方面正處在「模仿時期」，所以媽媽要做各式各樣的示範給寶寶看，有助於寶寶的成長及發展。

例如：媽媽可以示範用指尖拿小東西，寶寶跟著做可訓練他的小肌肉；在寶寶的面前撕紙或捲細毛線，或讓他撕紙。

寶寶要伸手摸會燙傷或會割傷的東西時，媽媽須以嚴肅且果斷的聲音說「不行！」。

引導寶寶用指尖拿東西，有助於寶寶智能的發展。

寶寶能從媽媽的表情及聲調，了解到「禁止」的意義。

積極和寶寶對話

和寶寶玩「拍拍頭」、「躲貓貓」等遊戲。7個月大的寶寶，開始學媽媽聲調的抑揚頓措。雖然他不了解語意，但可憑聲音和語言連結，故「模仿人的遊戲」非常重要。

和寶寶接觸如玩的時候、吃東西時、穿衣服時，媽媽的語調要儘量明確。即使寶寶不知道語意，但可從媽媽的聲調中分辨出「禁止」的意思。看到東西就拿，即使雙手都拿了東西，看見新的就放掉手上拿的，去拿新的，此階段是寶寶對外界事物充滿興趣最旺盛的時期。寶寶要摸危險的東西時，媽媽要以強硬且嚴肅的口氣制止：「不可以」。讓寶寶自由的進行探索行動的同時，亦是教導他基本生活規範的時期。

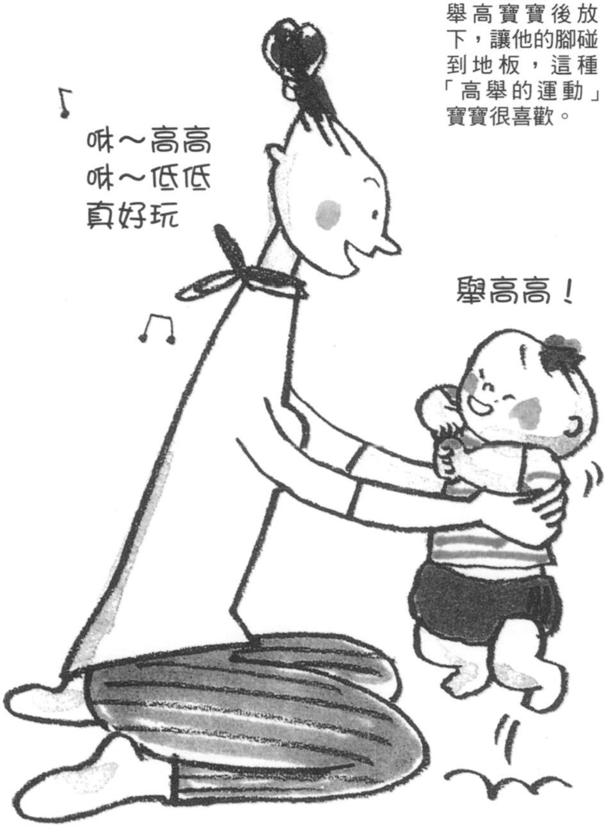

媽媽的雙手支撐住寶寶的腋下，舉高寶寶後放下，讓他的腳碰到地板，這種「高舉的運動」寶寶很喜歡。

寶寶會坐了之後，可帶他去玩盪鞦韆，一定要寶寶坐在媽媽的腿上玩盪鞦韆。

寶寶會坐之後，和他玩「交換遊戲」或玩滾大球的遊戲。

8個月大的嬰兒

嬰兒的一舉一動

有些寶寶已會爬行

寶寶好奇心旺盛，非常喜歡抓東西。已能坐的很好，能扭過身體去撿在身後的東西而不會傾倒。能用拇指及食指拿起如豆子般大小的東西。雙手拿著玩具的寶寶，再給他一個新的，他一定會丟掉手上原有的，來拿新的玩具。

已漸漸的有記憶力。在寶寶的面前把他經常玩的玩具藏起來，他會朝著藏玩具的地點或方向尋找玩具。

此階段的寶寶非常喜愛電視，會將電視的聲音轉的很大，或目不轉睛的看著電視。

寶寶握著新玩具仔細的端詳。對知性的探求及手拿物品的能力已發達。

①「什麼東西都要」的時期。兩隻手上緊握著玩具，正在「比較研究中」。

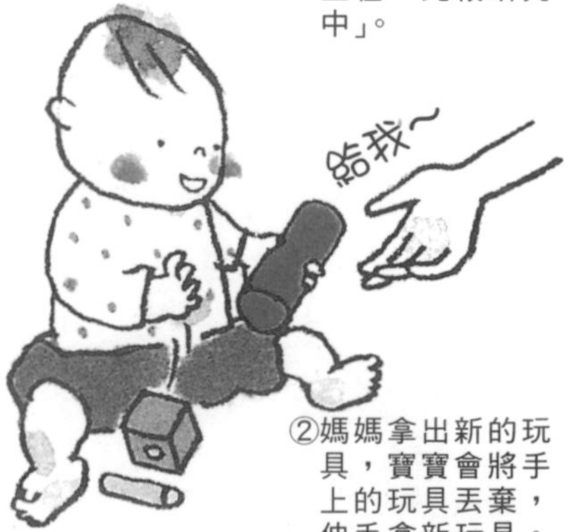

②媽媽拿出新的玩具，寶寶會將手上的玩具丟棄，伸手拿新玩具。

有不少寶寶已會爬行。爬行的姿勢是寶寶用本身的力量移動身體的動作。

有時爬一爬會翻身移動。有時寶寶坐一坐便開始爬行。爬行的姿勢很多，但大多數的寶寶都匍匐（腹部）爬行，用手腳移動。剛開始時，以腹部作支撐點，像時針一般的回轉移動，前方明明有他喜歡的玩具，但不知為何身體一直往後退，若寶寶踢一踢腳及用手腕的力量即能往前，寶寶的世界瞬間豁然開闊。

● 8個月大的寶寶匍匐爬行

①坐著之後挺腰，預備！要開始爬囉，然後應該怎麼做呢？

②首先是趴著，上半身靠一隻手支撐著，如此一來，胸部及腹部便會抬起。

③一隻手腕向前伸直，以支撐體重，然後用力一腳向前進。

④交互使用手腕，腳也要踢，如此即完成了匍匐爬行的動作。

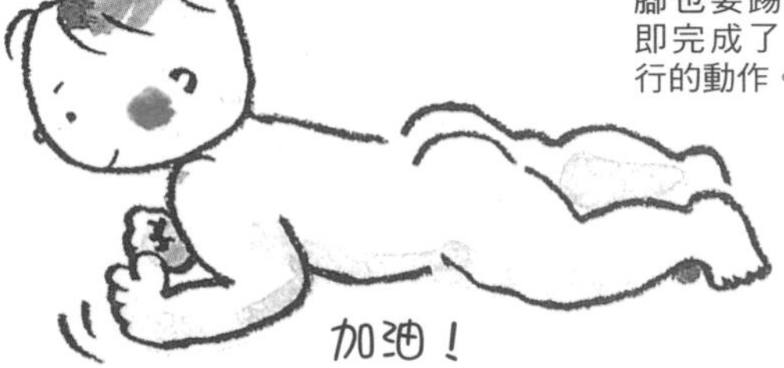

有些寶寶的嘴裏會有白白的東西閃過，原來是下面的門牙長出來了。

8個月大的嬰兒

媽媽的影響

積極的和寶寶玩增加智能的遊戲

寶寶的智能發展更加明顯。如前所述，特別是從尋找的玩具中，即可看出寶寶記憶力的發達。媽媽可在交換遊戲中發揮功能，寶寶最喜歡玩「躲貓貓」的遊戲。

現在運用窗簾來和寶寶玩「躲貓貓」的遊戲。媽媽不僅臉部而是全身都要變不見，在寶寶的面前，媽媽躲在窗簾的後面，寶寶要找媽媽眼睛會一直盯著窗簾，此時，媽媽面帶笑容「哇！」一聲出現在寶寶面前……寶寶會開心的放聲大笑。務必重複玩這個遊戲，媽媽不要嫌煩，因這個遊戲對寶寶的心智發展有很大的助益。

媽媽躲在窗簾的後面，然後再出現，寶寶開懷的大笑迎接媽媽的出現。

媽媽示範雙手拿積木，再將拿著的積木合在一起。讓寶寶自己玩玩看。

延續7個月大的特徵—模仿的時期。示範用指尖拿東西或撕紙的動作給寶寶看。

重要的是協助寶寶爬行。在趴著的寶寶前面放置他喜歡的玩具，他為了拿玩具，手會用力往前，腳會用力蹬，即引導出他爬行的動作。用手放在寶寶的腹部以支撐他的重量，然後漸漸抬起，腹部爬行的下一階段即為四肢爬行。

拿不到喜歡的玩具！只要再前進一點，就可以拿到了。

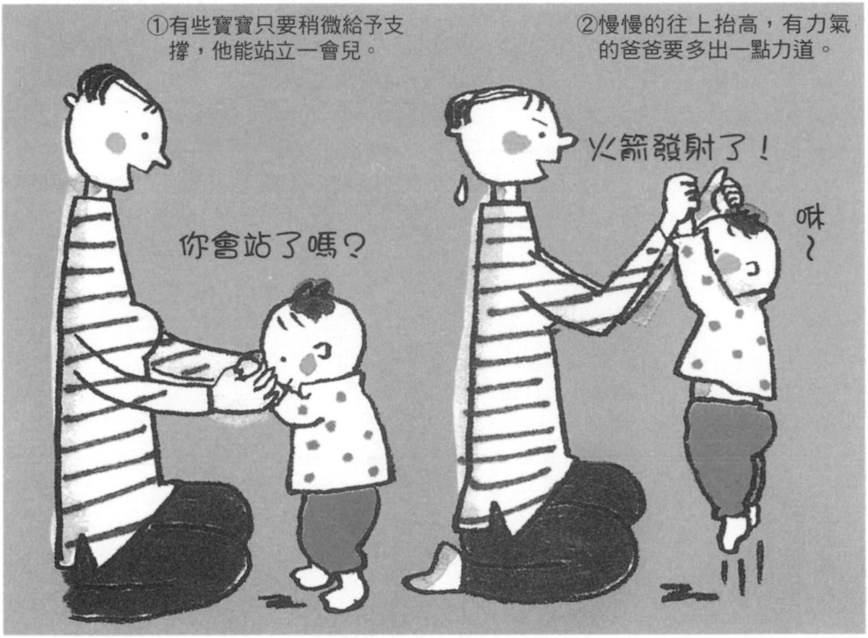

①有些寶寶只要稍微給予支撐，他能站立一會兒。

②慢慢的往上抬高，有力氣的爸爸要多出一點力道。

把寶寶的腳彎曲，膝蓋放在腹部的下方。然後左腳、右腳重複交替前進。

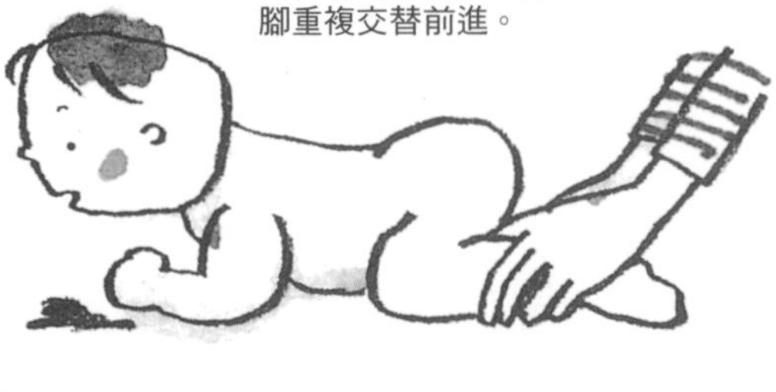

把手放在寶寶的腹部，以支撐他的體重，來幫助他四肢爬行的動作。

9個月大的嬰兒

嬰兒的一舉一動

媽媽抓好寶寶的手，他能站一下子。如果媽媽放開一隻手，寶寶會露出害怕想哭的表情。

開始挑戰扶物站立

到了9個月，能爬行的寶寶越來越多。除腹部爬行外，腹部離開地面的四肢爬行動作亦做的很好，寶寶的行動範圍突然變大。

從坐到爬行，從爬行到坐，無論任何姿勢，寶寶都能隨心所欲的做好。只要有能抓扶的傢俱，嘿—咻—！兩隻腳用力即站立起來，媽媽緊抓他的手，他能站立一下子，但是寶寶的腳站得不是很穩。

已聽明到會拉開抽屜

發達的記憶力及自己能夠移動的能力，寶寶對家中所有的東西都充滿了高度的興趣。

寶寶很會開抽屜，還想將抽屜裏的東西拿出來，尤其是媽媽的梳妝台是他的最愛。媽媽最好將瓶瓶罐罐的物品、口紅或危險的東西等收到寶寶拿不到的地方，否則寶寶抓到東西都放進嘴巴。

把寶寶面前的玩具蓋上布塊，他會將布塊拿開，拿玩具來玩。此時的寶寶已有些本領，不可等閒視之。聽到自己的名字，立即會有反應。

媽媽和寶寶之間更親密。寶寶積極的表現出撒嬌的動作。

試試看…

①嗯！這個台子有手可以扶的地方。啊！糟了！兩隻腳打結了……重點是腳的位置嗎？

②手腕用力來支撐體重。下次一定會進步做得更好。

沒有比從抽屜拿出東西更快樂的了。寶寶自己說（？）：「這不是調皮，而是在訓練手指的運動。」

③我會站了！真是了不起。媽媽！快來看呀！

9個月大的嬰兒

媽媽的影響

請給寶寶「不是玩具的玩具」

對寶寶而言，玩具並非單指市售的玩具，舉凡紙片、抽屜、垃圾桶、拖鞋等都是他的玩具。

廚房用品對他特別具吸引力，鍋子、鍋蓋、湯匙等都是他玩的對象。除了危險及不乾淨的東西之外，其他都可以當他的玩具。

另外，可以給寶寶吹玩具小喇叭，敲敲玩具木琴，聽聽他熟悉的音樂，自然他會有節奏的運動身體。給他會發出聲響玩具的同時，請多讓他聽聽音樂。

寶寶已很會吐氣、呼氣，可以給他吹玩具喇叭，讓他享受快樂的時光。

媽媽在廚房做事，寶寶會坐在媽媽的腳邊，玩他喜愛的鍋子、湯匙等。

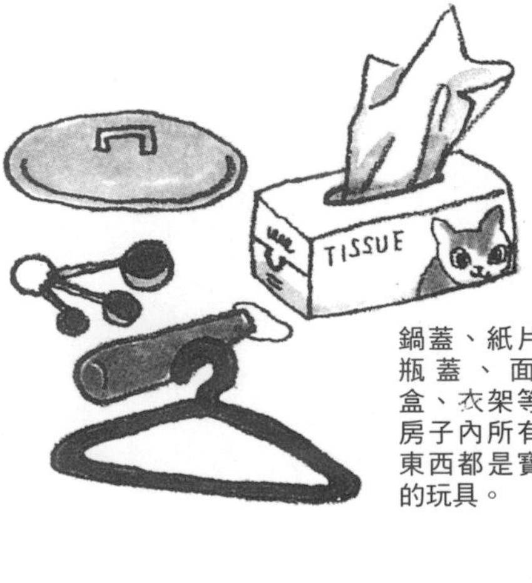

鍋蓋、紙片、瓶蓋、面紙盒、衣架等，房子內所有的東西都是寶寶的玩具。

和寶寶快樂的對話

雖然寶寶還不能清楚的表達，但是有些寶寶已能發出「噠噠」、「噗噗」、「ㄇㄢㄇㄢ」，他也開始模仿媽媽講話的語調高低，所以媽媽要積極的和寶寶對話。

媽媽如果說：「ㄇㄢㄇㄢ，吃飯飯囉」，寶寶會發出：「嗯ㄇㄢ、嗯ㄇㄢ」回應媽媽，媽媽接著說：「嗯ㄇㄢ、嗯ㄇㄢ，好好吃呦！」等等，請媽媽和寶寶盡情享受這類對話的樂趣。

寶寶開始模仿大人所教的動作，如「搖頭」、「拳頭一張一握」、「拍拍手」等等，將話語與動作結合爲一。

媽媽一邊對寶寶說：「拍拍手」，一邊示範拍手的動作讓寶寶學。請積極的和寶寶說話並帶動作。

媽媽的話語是寶寶的語言「老師」，請媽媽清楚且慢慢的和寶寶對話吧！

媽媽一邊拍拍手，一邊做動作讓寶寶學習，不斷的重複，寶寶會樂在其中。

10個月大的嬰兒

嬰兒的一舉一動

能扶著東西走路，好不容易到達目的地，寶寶開懷的笑。

給予寶寶支撐，他會開心的站立。但是若放手，他會感到恐懼不安。

有些寶寶已會開紗門，媽媽要小心注意，不要讓寶寶跑到陽台、走廊等危險的地方。

會扶著東西到處走動

寶寶爬行的速度很快，不一會兒即到達目的地。寶寶已能扶著傢俱從沙發走到櫃子，從牆壁走到玻璃門。

對寶寶而言，一次次的冒險都是遊戲也是運動。請媽媽將危險的東西整理收好，以確保寶寶活動的自由及安全。

若給予寶寶支撐，他能站的很穩。

寶寶發現圖畫書中有他喜歡的圖案，會用手去指並發出聲音。媽媽可以對寶寶說：「○○最喜歡汪汪」，寶寶聽到這句話會抬頭看媽媽，並用手指指書中的小狗狗。

這是即將成爲幼兒的寶寶，可愛的學習模樣。

寶寶進入會將玩具與人交換的同時，他的自我主張已明顯可見。當自己的玩具被人搶走時，他會生氣大哭。他的「人類情緒」已發展。

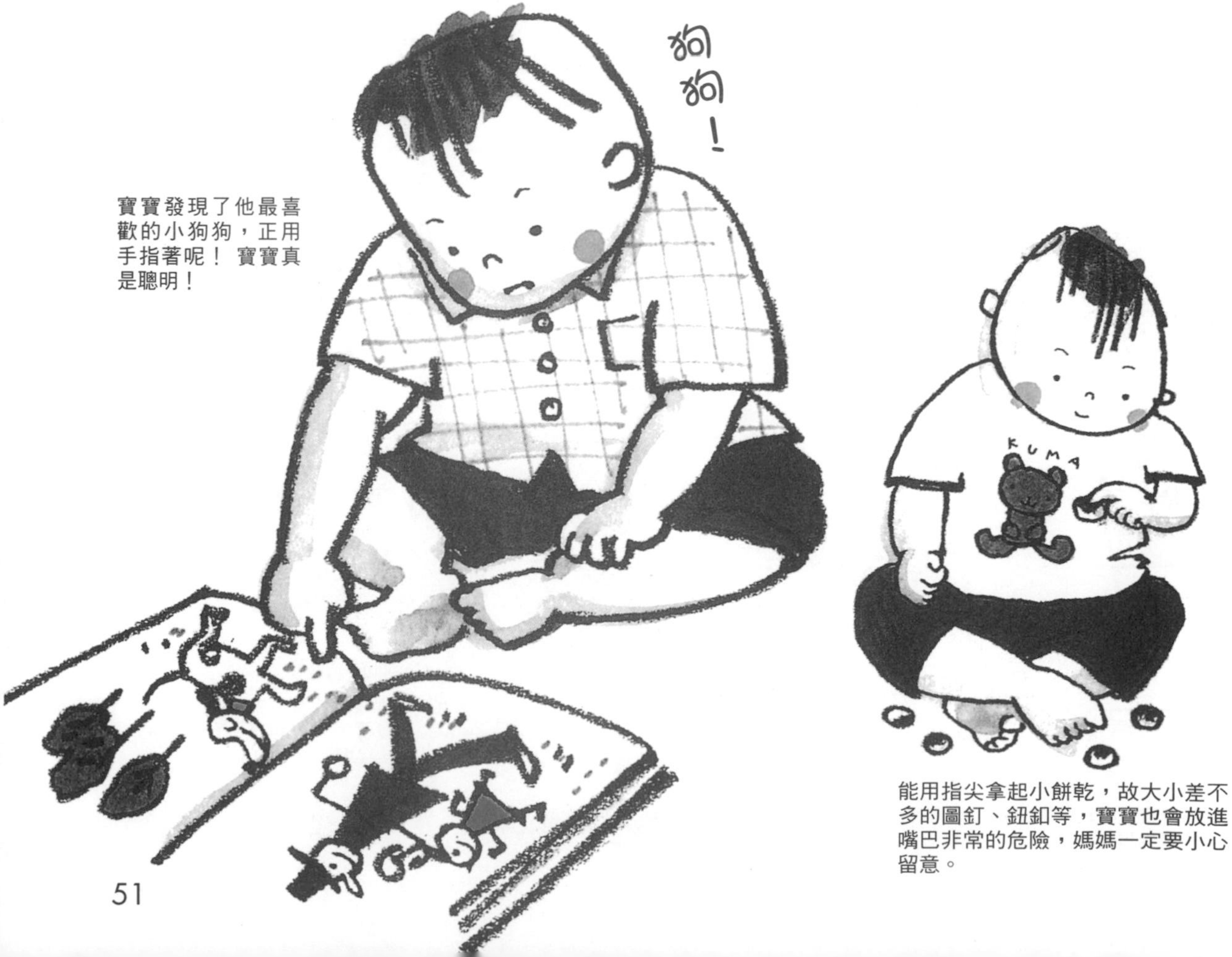

寶寶發現了他最喜歡的小狗狗，正用手指著呢！ 寶寶真是聰明！

能用指尖拿起小餅乾，故大小差不多的圖釘、鈕釦等，寶寶也會放進嘴巴非常的危險，媽媽一定要小心留意。

10個月大的嬰兒

媽媽的影響

開始練習「走得穩」

俗話說：「能站了，又盼著會走」——父母期待子女長大成人心切。

有些寶寶比較早，約10個月左右即開始走路。約何時寶寶能不扶東西，自然而然的走路呢？

讓我們兼做寶寶體操，讓寶寶站好，開始練習「走得穩」囉！

先複習一下吧！

寶寶8個月大的時候，即練習過「扶東西站起來」，現在是要練習蹲站的動作。先握住寶寶的手腕，左腳一步，右腳一步，慢慢引導他練習走。

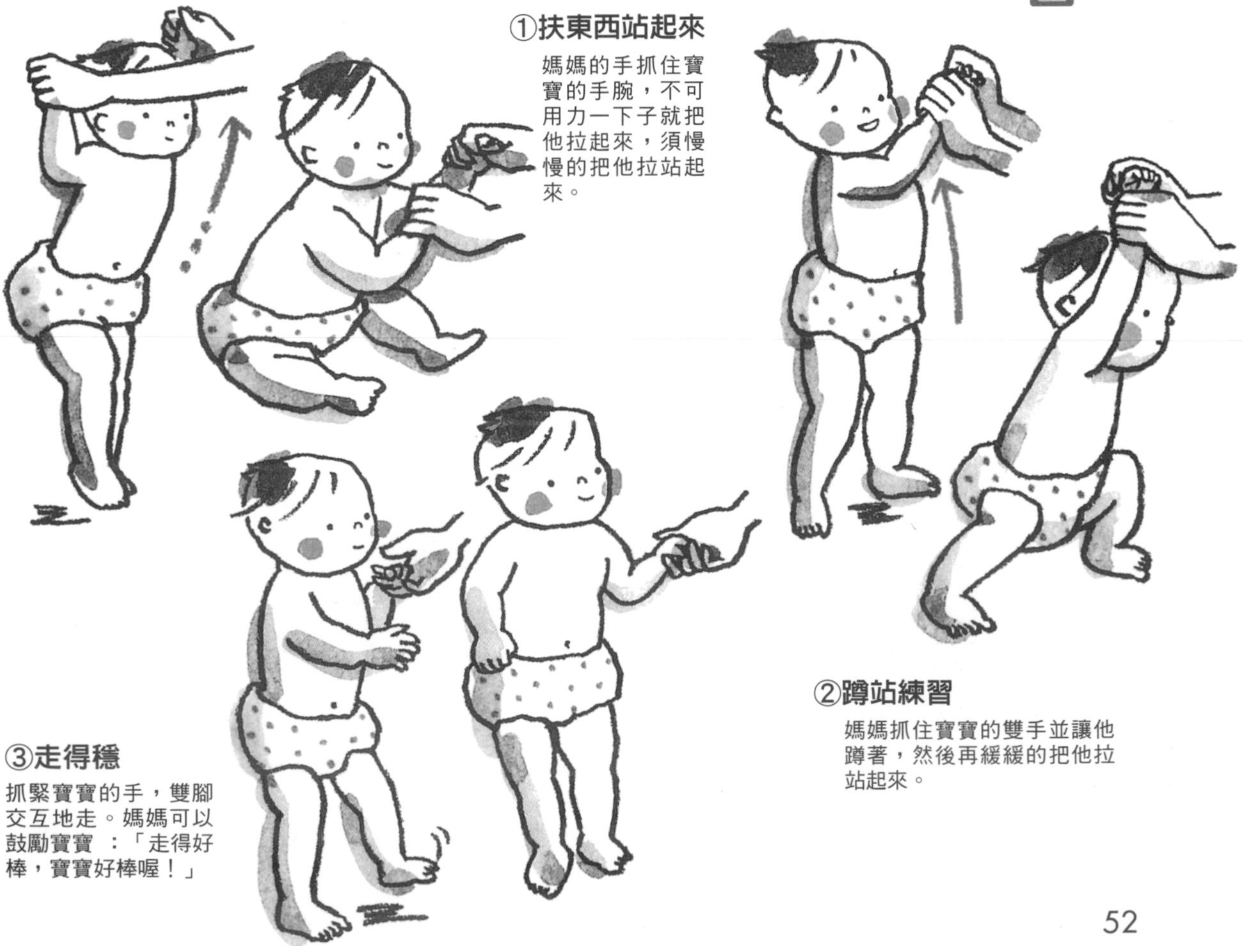

①扶東西站起來

媽媽的手抓住寶寶的手腕，不可用力一下子就把他拉起來，須慢慢的把他拉站起來。

②蹲站練習

媽媽抓住寶寶的雙手並讓他蹲著，然後再緩緩的把他拉站起來。

③走得穩

抓緊寶寶的手，雙腳交互地走。媽媽可以鼓勵寶寶：「走得好棒，寶寶好棒喔！」

運用電視、收音機、錄影帶

以聲音或動作來刺激寶寶的好奇心。只要一打開電視，寶寶就會扶著東西走到電視前面站著，把臉貼到螢幕上，且對電視及錄放影機的遙控器非常有興趣，會伸手去拿。正確運用電視、收音機、錄影帶，對寶寶的成長有正面的助益，配合兒歌，教寶寶身體律動的遊戲。

寶寶最喜歡看幼兒節目，但注意不要讓他靠電視機太近，此時可以用茶杯裝水或飲料給他喝。

練習用杯子喝水。開始時請使用學習杯。

終於知道嘴巴要放在哪裏了，但還不是很熟練。

配合電視所播放出來的歌聲，扭動身體。媽媽也可以和寶寶一起唱唱歌，舒解壓力。

11個月大的嬰兒

嬰兒的一舉一動

推學步車走路

只要稍微給寶寶支撐即能走路。寶寶最喜歡會隨著他的前進，而敲出聲響的學步車。

但是推學步車走路速度快，有些寶寶還是鍾情於爬行。只要發現他覺得有趣的東西，他的速度會像風一般的快，推著學步車一下子就到達目標物。

寶寶長高了，會用手去探拿想要的東西。明明才剛出生沒多久，眞是歲月如梭啊，一下子就長這麼大了。

媽媽不可以稍有鬆懈，須目不轉睛的盯著這個「小小流氓」的行徑，避免發生危險。沒有比盯著寶寶更忙碌的事。

此階段的寶寶最愛能夠用手發動的玩具汽車或火車，玩的時候還會發出「噗噗」、「噠噠」聲。

此時期的寶寶已具思考的能力，也了解語意，大人對他說：「給我」，寶寶會交出手上的東西，但是一下又拿回去。聽到媽媽說「ㄇㄢㄇㄢ」的時候，寶寶一邊說「ㄇㄢㄇㄢ」，一邊靠近飯桌。

只要看到喜歡吃的東西，寶寶就會說：「ㄇㄢㄇㄢ」、「ㄇㄢㄇㄢ」要求再給多一點。不只是食物，對他想要的圖畫書或想穿鞋到外面散步，寶寶想要的東西或想要行動，他都會用手勢或簡單的話來表達。

此階段的寶寶最喜歡學步車。媽媽儘可能整理傢俱等，讓寶寶有活動的空間。

寶寶聽到：「給我」這二個字，會將手上的東西交出來，他已了解語意了！

廚房對寶寶而言是一個玩具寶庫。他對瓦斯開關很感興趣。

給寶寶圖畫書，他會自己翻頁，彷彿他真的看得懂，認真的翻閱著呢！

喜歡按下去就會跑的玩具汽車、火車等。在寶寶的心中，玩具火車已取代了面紙盒。

11個月大的嬰兒

媽媽的影響

多和寶寶對話

此時期的寶寶說話能力急速的發展，請用緩慢、清晰且易懂的話語，重複和寶寶對話。

講一些嬰兒用語且發音要清楚，例如：吃飯的時候說「ㄇㄢㄇㄢ」；睡覺的時候說「睡覺覺」；外出散步時說「步步」等等。媽媽可以一邊問寶寶 ：「耳朵在哪裏？鼻子在哪裏？」，一邊指給寶寶看。

寶寶的理解力已經很發達了，他回應媽媽對話的語言也增加很多，對語意都能了解。

媽媽須積極的和寶寶玩「拍拍頭」、「小手一張一握」等遊戲。

「耳朵在哪裏啊？」若寶寶指對了，媽媽要稱讚他以增加他的信心。

寶寶對自己的身體充滿了好奇心。反覆的問他 ：「耳朵在哪裏？鼻子在哪裏？」

讓寶寶有模仿大人的機會

媽媽拿鉛筆寫東西，寶寶也想學媽媽的動作，而且不能是別的鉛筆，一定要媽媽手上拿的，一邊模仿大人的動作，慢慢的他會知道繪畫的樂趣。雖然有些麻煩，但不要拒絕寶寶的要求。

此階段的寶寶喜歡出去外面玩，讓他多親近土地或草地。只要陪他玩「打滾」的遊戲，寶寶就會非常的高興。大多數的人家中不甚寬敞。晴天時不妨帶著學步車、大球和小球，到公園開心的陪寶寶玩一玩吧！

寶寶最喜歡玩接送球的遊戲，可使用不同材質的球，如橡膠製的或毛巾布料做成的球。讓寶寶有機會觸摸不同的材質，以訓練他的觸覺。

你會拿筆嗎？好棒喔…你會在白紙上畫紅線了…。

你會畫嗎？好厲害喲！
我畫的是紅色的雷公呢！

大象媽媽和小象寶寶
一起散步步喲！
Elephant

媽媽改以讀單純的繪本給寶寶聽，取代動物或食物類的繪本。

球球過去囉～♫

寶寶最喜歡球球了。所以最愛和媽媽玩接送球的遊戲。

12個月大的嬰兒

嬰兒的一舉一動

寶寶可以獨自一人，一邊舉起雙手取得平衡，一邊走路，很認真的在走呦！

寶寶可以獨自一人完成從坐到站的動作。重心在腳上，站穩腳步用力抬起腰部。啊！頭太重了！

重點是靠手來維持平衡。站起來看到的世界果然不一樣。

你看！不用扶東西支撐就能站起來。「很棒吧！」自己誇獎自己一下。

寶寶即將「畢業」

爸爸、媽媽您們辛苦了！從聽到寶寶的第一聲哭聲之後，心情七上八下，終日忙忙碌碌，寶寶茁壯成長，終於要滿週歲了。

從躺著、翻身、會坐到能站，已經不用旁人協助，最後能走得很穩了。靠自己的力量獨自走路，對寶寶而言是一件大事。就像是從寶寶的階段畢業了，進入另一階段—幼兒。

吃飯的時候，媽媽餵他，寶寶會搶媽媽的湯匙想要自己吃，但是入口的食物很少，大多掉在桌上或地上。寶寶已從依賴媽媽的階段畢業了，他的自立心已發展，須謹慎的培育。

開始在家中發揮他冒險家的精神。喜歡櫃子的角落、窗簾的後面，不知寶寶爲何喜歡狹窄或陰暗的空間。仔細的探索家中每個角落，連意想不到的地方他都會去。無庸置疑，到了戶外，他更是會有衝鋒陷陣的表現。

嗯！？你和我差不多大，我們可以交朋友，我的手可以摸摸看嗎？

我最喜歡爬沙發。你看！我爬上沙發不會掉下來喔。

我最喜歡狹小的角落。看看有沒有好玩的東西？

12個月大的嬰兒

媽媽的影響

和寶寶玩幫助手指靈活的遊戲

判斷寶寶成長的主要指標，是大運動的發展及小肌肉的發達程度。將滿週歲的寶寶，手指的運動非常靈活。由此可知，寶寶的手、眼協調且腦神經發達。

媽媽要想一些能幫助寶寶手指靈活的遊戲。

不需特別的玩具輔助。能讓寶寶一點一滴學習生活習慣，日常生活的器具即可。

例如：曬衣夾、衛生紙的捲筒、毛線、紙杯子、透明膠帶等等。可讓寶寶把透明膠帶貼在地板上，或讓他拿曬衣夾夾衣服等。

給寶寶大球。讓他拍球追著球跑。

兩手拿不會破的杯子，讓他玩疊杯子的遊戲。

用衛生紙的捲筒或短的水管讓寶寶練習穿毛線。

培養寶寶的信賴感

寶寶會走路的時期因人而異，大多數的寶寶約1歲3個月左右才會獨自走路。

寶寶會走路之後，最喜歡人家在後面追著他玩。包著尿布一扭一扭逃跑的樣子非常的可愛。也喜歡玩躲迷藏。

媽媽仍舊是寶寶重要的「基地」。開始會指東西，媽媽不要嫌麻煩，教他所指東西的名稱，並問他：「你想要這個嗎？」，培養親子之間的信賴感。

小心！一直往前傾會跌倒喔！寶寶習慣之後，走路時手會放下。目前走得不是很穩，慢慢的就會走的很好。

積極的教寶寶事物的名稱，「這是小狗狗」。

可以做一些大膽的體操或遊戲。將寶寶倒立，緊抓住他的腳，讓他翻個跟斗。

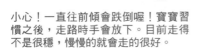

嬰兒的成長及各機能的發展因人而異

★長方格的左端表25%的寶寶完成該項運動發展的月齡，右端表90%的寶寶完成該項運動發展的月齡。

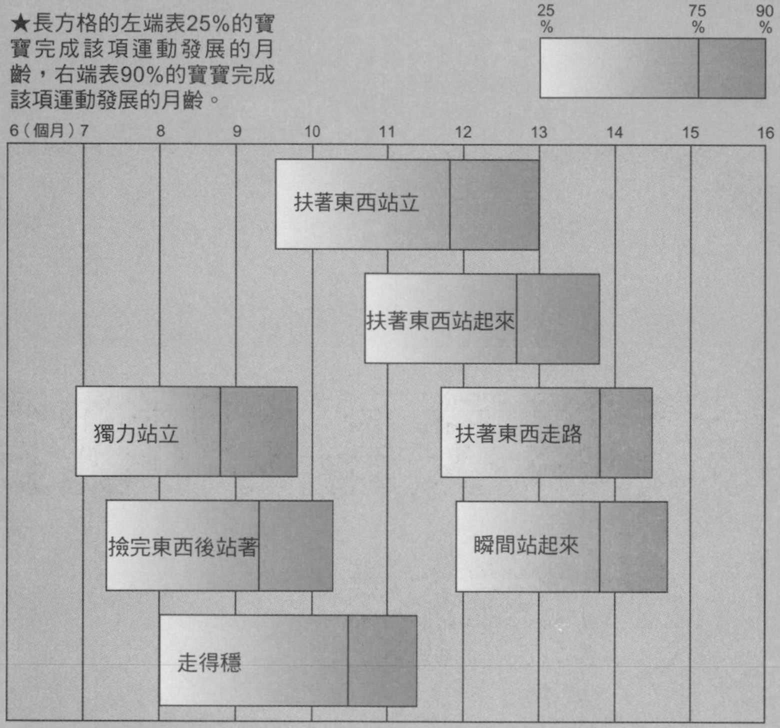

摘自《日本版螢幕式發展程度檢查》一書

嬰兒的成長發展很明顯的因人而異，育兒書籍上皆有記載。

但以媽媽的立場來看，寶寶的成長發育越快，媽媽最感欣慰與高興。若與鄰居同齡的寶寶相比發育較慢的話，媽媽不安且心存疑問：「我家的寶寶沒問題吧！？」

但這世上，一樣米養百樣人，不但長相不同，當然發育成長的速度也因人而異。

由上表可知，扶著走路、不靠外力的站立及走路…，無論哪項動作與其月齡皆有很大的關連。

約7個月大左右的寶寶會扶著東西站起來，較為緩慢者約10個月才會扶物站起，這期間約有3個月的差距。

此表的月齡是依100個寶寶當中，有25個寶寶能達到該階段及有90個寶寶具有該動作的能力，來做為統計的依據。

其餘的10個寶寶呢？以獨自能走為例：有很多寶寶約12個月大~15個月大時才開始會走，其實到18個月才會走，都算正常。

成長、發育因人而異的理由眾說紛紜。與生俱來的運動神經發達或遲鈍（遺傳父母）、性格積極或謹慎、胖或瘦，皆有莫大的關係。父母要以豁達的心情養育寶寶。

第二部

哺乳的要領及斷奶飲食的基礎

哺乳

母乳是媽媽給寶寶的最佳贈禮

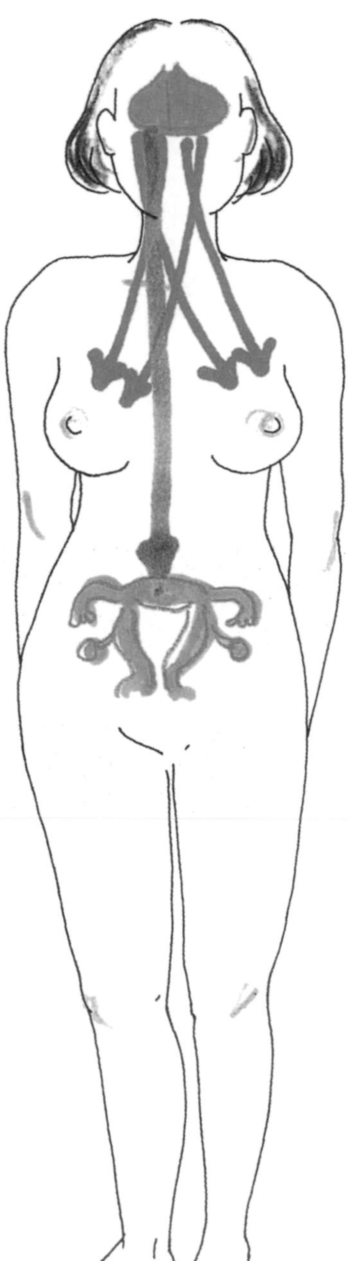

嬰兒一吸乳頭，媽媽的身體會產生何種變化？寶寶吸乳頭的刺激傳到下視丘及間腦的腦下垂體，促使分泌乳汁的催乳激素分泌，使乳房的乳汁分泌旺盛。且分泌使子宮收縮的催產素，幫助子宮恢復。

母乳是最適合寶寶的營養

近年母乳受到戴奧辛的污染已成爲話題，很多媽媽對母乳的營養感到質疑。戴奧辛容易附著於脂肪及油類，所以保護自己的方法，莫過於減少脂肪的攝取及多吃蔬菜水果。同時也要徹底落實環保工作，避免戴奧辛累積在我們生活周遭，並且進入食物鏈之中，進而對人體產生危害。

儘管有這層的顧慮，但是對寶寶而言，沒有任何營養比母乳更適合寶寶的。

寶寶使用上顎、下顎、嘴唇、舌頭及其他的肌肉，用力的吸食母乳。

●對寶寶的好處

①不會產生對異種蛋白質（例如：牛奶）過敏的原因，且易消化吸收。

②母乳特別是初乳，富含「濃縮免疫」和分泌型免疫球蛋白A

（IgA），寶寶喝下母乳之後，這些免疫球蛋白分布在氣管或消化管的黏膜上，發揮防止感染的功能。母乳除了含有免疫球蛋白外，亦含有其他防止感染的成份（請參閱附表）。

孕婦靠臍帶與寶寶連繫，給予胎兒衆多病毒性疾病的抗體。

例如：麻疹、流行性感冒的抗體。孕期中產生不足的小兒痲痺及埃可7型病毒（人腸道弧病毒）的抗體，透過初乳傳遞給寶寶。故攝取母乳營養的寶寶不容易生病，健壯的成長。

③培育精神、情緒穩定的寶寶，透過哺育母乳增進母子間的肌膚之親，使雙方都能感到安定。

④寶寶準備好要吃母乳了，透過大口大口吸食母乳的運動，可促進肌肉的發達，增強咀嚼能力。

寶寶吸食母乳的情況還好吧？世上沒有比母乳更好，更適合寶寶的營養了。

對母親而言，哺乳百益無害。

媽媽事先做好分泌母乳的各項準備

嬰兒吸乳頭的刺激傳到間腦的腦下垂體，分泌產生乳汁的催乳激素（Prolactin），它的別稱是「女人成爲媽媽」的激素。讓媽媽在精神上產生作用，使媽媽育兒的慾望及愉悅感增加。催乳激素有抑制排卵的作用，爲自然的避孕方法。

且出乳激素中的催產素，具有使子宮收縮的功能。

●初乳中所含的抗體（分泌型免疫球蛋白）

含有破傷風菌、百日咳菌、肺炎雙球菌、葡萄球桿菌、溶連菌、白喉桿菌、沙門氏桿菌等，小兒痲痺（Ⅰ、Ⅱ、Ⅲ）、柯薩奇病毒（B1、B3、B9）（Coxsackie virus，能引起類似脊髓灰質炎但無痲痺症狀的人腸道疾病）、埃可病毒（6、9）（echovirus，人腸道弧病毒）、流行性感冒病毒、麻疹病毒等抗體。

●臍帶血、初乳中所含的抗體與母親血液中的比率

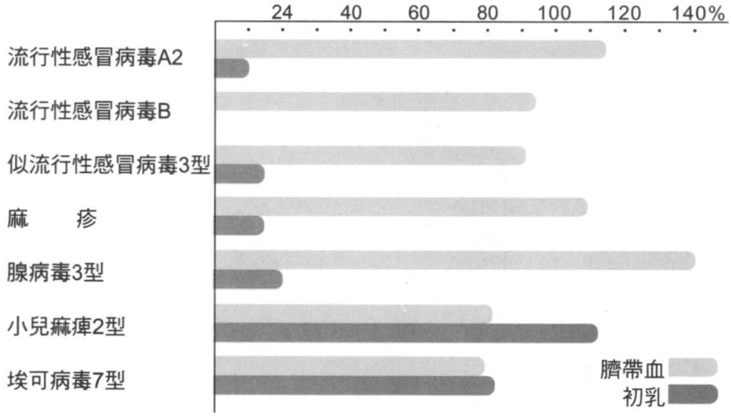

●寶寶的營養及患病的比率

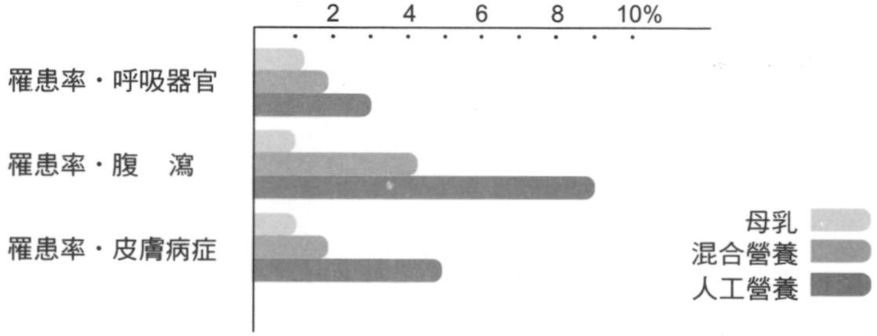

哺乳

增進母子間的親子關係

媽媽和寶寶的關係更親密

媽媽一抱嬰兒，寶寶的體溫傳遞到媽媽的身上。寶寶的體溫比大人高，媽媽可溫柔的摸摸他的額頭、小屁股傳達母愛，看著他說說話。

「喔！寶寶乖，不哭，不哭，你是個乖寶寶呦…你肚肚餓了嗎？來吃奶吧！大口大口的喝呦…對！對！就是這樣，寶寶好棒喔，你已經好會吃奶了喔…」

寶寶會活動他的肩膀、手肘或手腳，來回應媽媽稍微尖高的說話聲，媽媽對寶寶的反應，在不知不覺間也會活動身體來回應寶寶的反應。這類言語上的對話，無意識的活動身體的反應稱為互動作用（請參照第13頁）。

剛出生的寶寶非常的小，看起來好像什麼都不會。但是卻具有吸引媽媽注意力的能力。

一聽到寶寶的哭聲，媽媽便放下手邊的工作，匆忙的跑到寶寶的面前，抱起他哄他不哭。媽媽一抱起安靜醒著的寶寶，他便目不轉睛的看著媽媽。

媽媽和寶寶之間絕對不是單方，而是雙向的互動關係。這種互動關係，實際上是建立在親子間深厚的親情上。

●從陌生開始到母子間的相互作用

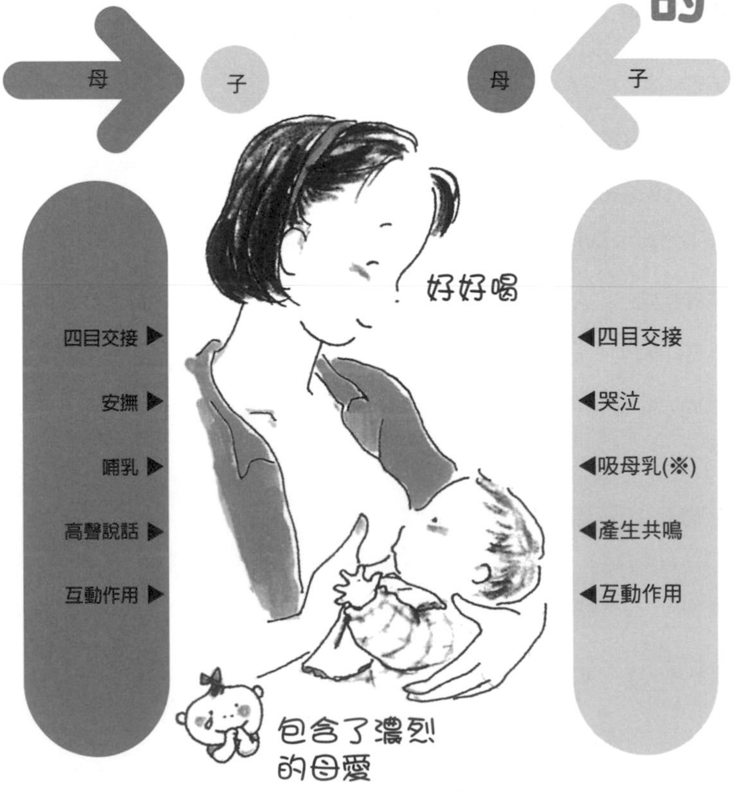

※寶寶吸吮乳頭，刺激催產素、催乳激素的分泌。

哺乳建立母子間的親情

至目前所述的母子間的互動關係，母親對寶寶的深厚情感與生俱來，寶寶對媽媽具有百分百的信賴感。

故得到媽媽充分肌膚擁抱的寶寶，無論在生理上的發育或情緒發展方面，皆相當的安定與均衡。

下圖顯示情感、溫情是成長中的寶寶不可或缺的精神要件。

媽媽與寶寶肌膚接觸的場合爲何？如前文所述，是在母子透過乳頭哺乳的時刻。

哺乳時，母子間的互動作用達到最高潮。

母乳育兒更增進母子間的關係，媽媽覺得寶寶是全天下最可愛的小孩，寶寶認爲媽媽是無可替代的角色，濃烈的親情是最自然不過的禮物。

●保育人員的態度與孩童體重的增加有關（德國某所孤兒院的記錄）

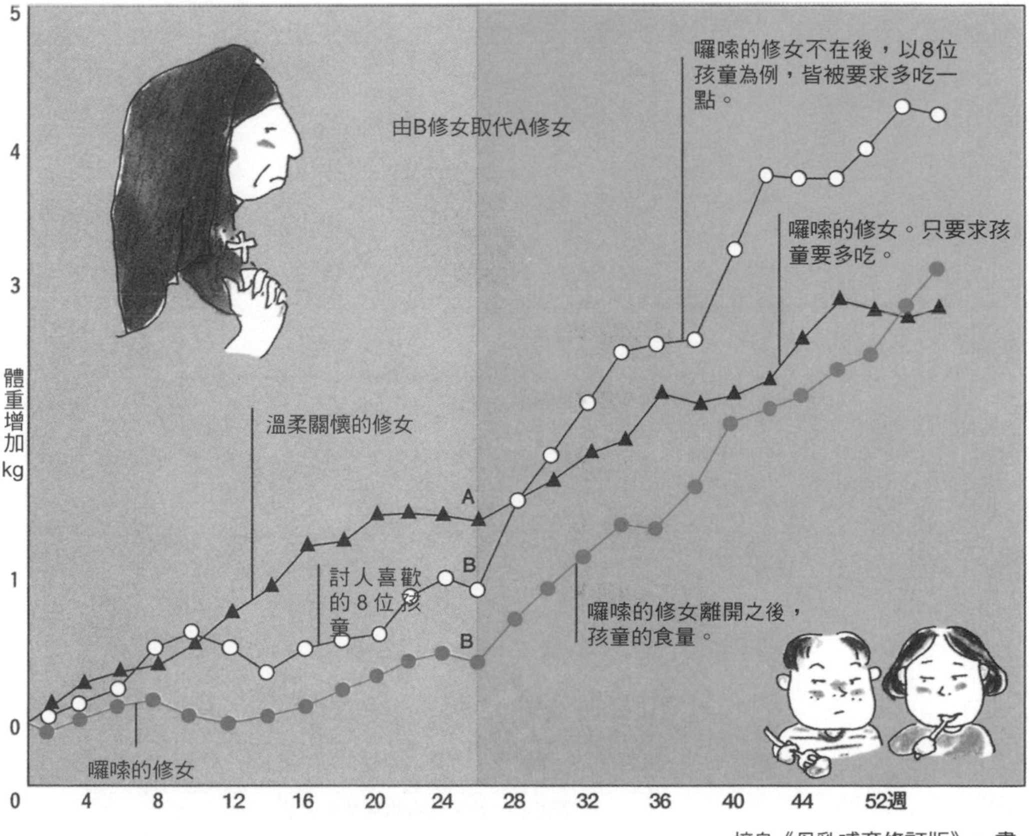

人類的成長不可欠缺情感，根據德國某所育幼院的記錄顯示，在修女嚴格管束孩童的孤兒院中，孩童的體重增加如左圖所示。

摘自《母乳哺育修訂版》一書

寶寶教導哺乳的律動

寶寶天生具備吸吮的能力

剛出生的寶寶，口唇即具備吸吮的能力，稱爲吸啜反射。事實上，從胎兒在母親的子宮中，即開始吸吮指頭來喝羊水，爲了將來吸吮母乳而反覆練習吸指頭，寶寶一展身手的這天終於來到了。

但嬰兒並非一出生即很會吸吮乳汁。寶寶生平第一次含著乳頭吸吮乳汁，但經過幾次後，他的舌頭抵住乳頭，大口大口深深的吸吮著母乳。

如下頁專欄中的哺乳日記所示，最初的一個星期，母子雙方陷入苦戰。但總算撐過了第一個星期。

住院期間醫護人員給予協助與建議，若有問題請儘量詢問專業的醫護人員。除了媽媽的努力之外，寶寶亦已具備自身的吸吮能力，且引導母親哺乳的律動…。

剛開始可隨時哺乳不受限制。寶寶出生後的1～3天，媽媽的乳汁分泌很少，故哺乳的次數亦不多，約在第4～9天左右，寶寶才具有吸吮的能力，餵乳的次數變多，且餵乳與吸吮的律動相互配合漸趨於一致。

還不習慣哺乳的媽媽，爲有無乳汁？多久時間餵奶一次？或寶寶能不能吸吮？等等問題所困惑。請參閱右圖「哺乳中母乳成份的變化」，每次哺乳當中，其味道會改變，其原因據說是在告知寶寶「吃到這裏結束」，以控制食量。

●哺乳中母乳成份的變化

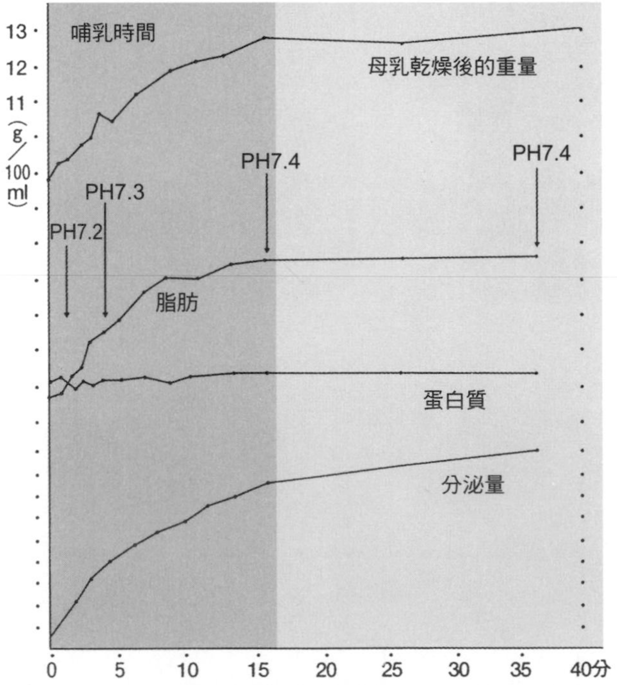

(五週大的男寶寶在吸吮媽媽左邊乳房時，分析集中在右邊乳房的母乳)從開始吃奶到寶寶的嘴巴離開乳頭約15分鐘左右，其分泌量、脂肪、pH值、乾燥重量(殘留的母乳乾燥後成粉狀)等變化且味道有些微的差距。母乳真是一件神秘的好禮。(摘自《母乳哺育》一書，作者小林登。)

如何啊！母乳的味道告訴寶寶要控制食慾，是不是非常不可思議。

但爲了確立良好的哺乳氣氛，不可急躁，在極自然的狀態下，寶寶想吃奶的時候，媽媽就哺餵他。

大多數的媽媽表示約一個月後，即能樂在哺乳之中。

有哺乳經驗媽媽的一週哺乳日記

母乳育兒，要使媽媽與寶寶之間餵食母乳的律動融合，並非一件易事。不須花時間沖泡牛奶，只要哺乳的時間一到，抱起寶寶讓他吸吮乳頭即可。但使母子間餵乳的律動達到良好的程度，老實說，母子雙方都須經過一場苦戰。為了讓新手上路的媽媽安心且增加自信心，玆介紹有餵乳經驗媽媽的一週哺乳日記。

＜第一天＞

剛開始餵乳，心情緊張。在將乳頭推進寶寶口中之前，要抱起寶寶時，心情戒慎恐懼，深怕寶寶的頭頸太軟，頓時之間不知所措。當要將乳頭放進寶寶的嘴中時，寶寶的身體卻跑開了，媽媽趕緊用雙手抱緊寶寶，這次變成乳頭跑掉了。好不容易寶寶順利的含著乳頭時，母子兩人早已滿身大汗了，媽媽的肩膀也酸了。母乳尚未分泌出來，寶寶吃的是糖水。

結果今天一共餵食了7次的糖水。

＜第二天＞

護理人員幫媽媽按摩，左右兩邊的乳頭各有乳腺3~4條已然全開，讓寶寶多多吸吮吧！

寶寶吸食左邊的乳房，其力道強，媽媽感到體內深處有一股興奮的感動流竄著。難道這就是母愛的表現嗎？但是母親的母乳量仍不多。換吸右邊乳房時，寶寶的嘴滑掉了，連乳暈都沒含到，張著嘴到處找媽媽的乳頭。

＜第三天＞

終於分泌出母乳了。寶寶順利的吸吮著媽媽左邊的乳房，總算可以放心了，但無法很順利的吸吮右邊的乳房。保持吸左邊乳房的姿勢，將寶寶移位到右邊來。想必媽媽已然滿身大汗了吧！今天仍舊是為了餵乳的事忙亂的過了一天。半夜起來3次，正襟危坐的哺乳。睡眠嚴重不足。抱著寶寶打瞌睡。

＜第七天＞

終於母子雙方逐漸適應了哺乳一事。但寶寶的吸吮能力仍弱，哺乳後擠出剩下的母乳是很麻煩的事。朝每天哺乳12次邁進。

●母子同室？或分開？

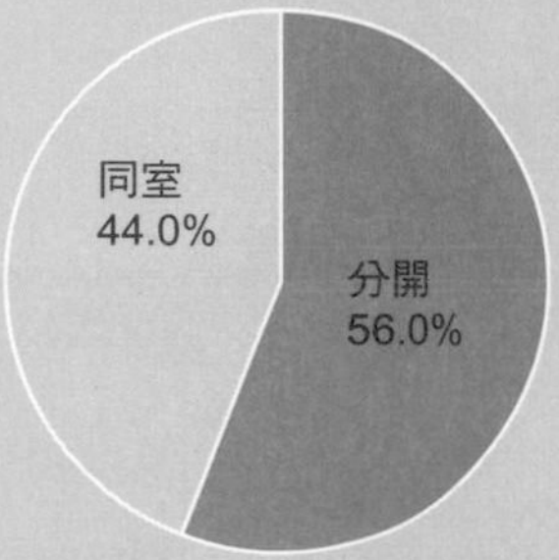

醫院中若是母子同室者，據說寶寶較能適應母乳的營養。且嬰兒出生後，吃母乳最為理想。但是實際上初為人母的媽媽一聽到這種說法，其結果如左圖所示。希望以母乳哺育的媽媽最好是在母子同室的醫院生產。

●寶寶出生後，先餵母乳還是餵牛奶？

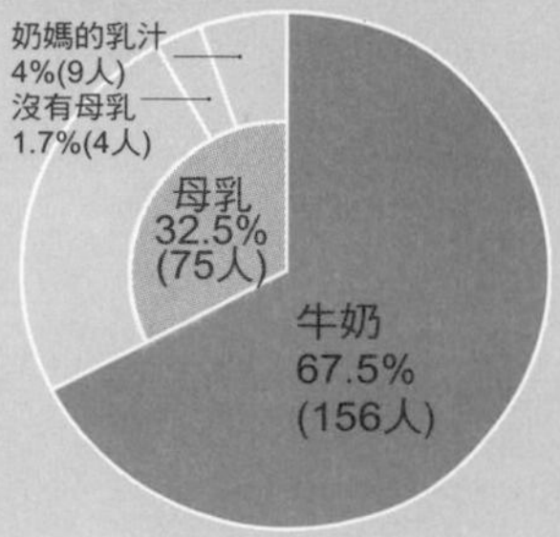

哺乳的方式

抱緊嬰兒

寶寶吸吮左邊的乳房時，將他的頭放在媽媽左手腕的胳臂上，以適度的力道抱緊他。由於寶寶的頭頸部尚未堅挺，對第一次當媽媽的人來說會心生恐懼。

特別是出生後的第2～3天，由於媽媽的會陰部縫合的傷口尚未拆線，對無經驗的媽媽而言，坐著是一件相當痛苦的事。此時，請坐在甜甜圈狀的座墊上，婦產科醫院都會有此種座墊，請善加利用。

媽媽要消除腰酸背痛等疲勞，可坐有靠背的椅子，或在床上將背靠在牆上並將兩腿伸直。

若將寶寶的臀部放在媽媽兩膝的空隙間，寶寶會產生不安全感，媽媽可以摺毛巾被或薄的墊子放在腿上，好讓寶寶舒服的靠著吃奶。

抱寶寶的高度不夠的話，媽媽的乳房會下垂，且容易使乳頭受傷。抱起寶寶的姿勢，一定要頭部的高度高過他的胃部。將寶寶的頭墊在軟墊或毛巾被上，如此不但可以減少媽媽手臂的酸痛，也可以保持寶寶吃奶的適當高度。

媽媽坐在低的椅子上，腳底頂著地板，這種坐姿哺乳最為安穩。坐有靠背的椅子，會使哺乳更加輕鬆。一定要將寶寶的上半身抱直。

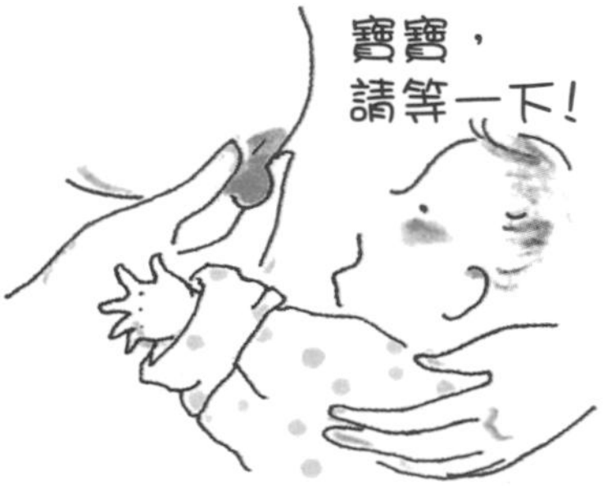

在寶寶吃奶前，媽媽先以拇指及食指捏壓乳暈，讓乳頭變軟。乳汁來時乳房漲大，乳頭會硬，先擠出一些乳汁後，再讓寶寶吸吮。

讓寶寶深含乳頭

寶寶含乳頭要包括乳暈的部份。僅含乳頭的話，寶寶會吸不住無法吃到母乳，且會使媽媽的乳頭受傷。

媽媽用拇指及食指擠壓乳房，使寶寶將乳暈也含在嘴裏。然後再將寶寶抱在手臂的內側，使他的頭靠近乳房，寶寶自然而然的便會深含著媽媽的乳房。

寶寶吃完奶之後，媽媽須將他抱直，以空掌輕拍背部使他打嗝。餵奶時注意不要讓寶寶吸入空氣，以防止吐奶。若寶寶的頭頸部仍軟趴趴的，讓他靠在媽媽的上半身直立著。

容易吐奶的寶寶，請先餵他右邊的乳房，再餵他左邊的乳房，如此一來，寶寶不易吸入空氣。一邊休息一邊餵乳，喝到一半時，請先拍背讓他打嗝，以防止吐奶。

僅讓寶寶含著乳頭，他無法順利的吸吮到乳汁。寶寶不光使用嘴唇，也用牙床及臉部肌肉來吸吮母乳。

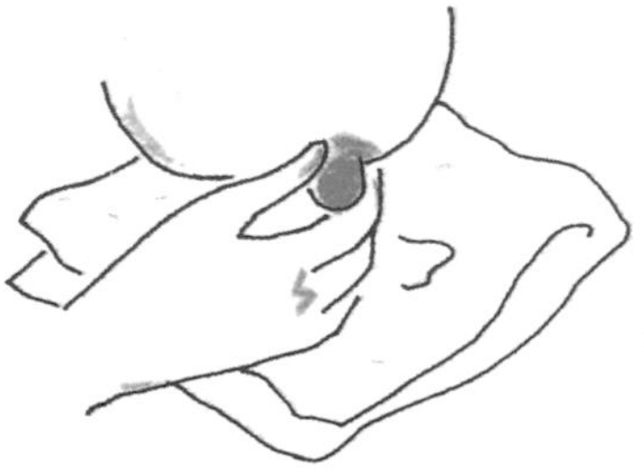

哺乳後，乳房若殘留乳汁，請用手指或吸奶器擠出，儘可能保持乳房的清潔。若殘留乳汁的話，容易引發乳腺炎。

寶寶深含著乳暈時，他的牙床會抵住乳暈的四周，請遵循要領將寶寶抱高，即能順利的吸奶。

將寶寶的腋下靠在媽媽的肩膀上抱高，這種姿勢使寶寶容易打嗝。若寶寶都沒有打嗝，直立抱約10分鐘左右，再讓他躺在床上。

乳頭保健的重要

健康的乳房為母乳的營養加分

無論媽媽對母乳的養分如何的推崇，若乳頭皸裂受傷或罹患了嚴重的乳腺炎等等，必須迫使媽媽放棄哺育寶寶母乳。

在提倡母乳育兒的醫院，除了乳房門診之外，對媽媽們的協助皆不遺餘力，且將前來求診或諮商的相關問題做一彙整，其中以母乳分泌不足的個案最多，其他還有乳房硬塊、乳房疼痛、乳腺炎後轉爲硬塊、乳頭皸裂等等。

乳房內有乳腺的開口，每邊的乳房各有15～20個開口，通常是乳腺的分泌物結塊，形成「蓋子」阻礙乳汁的通路。開始哺乳時，若「蓋子」未清除，造成乳汁阻塞，

乳頭的保養不可過度，若用肥皂用力洗，會將表面的天然保護膜(脂肪)沖掉，使乳頭乾燥脫皮。

哺乳的時間每次約10~15分鐘。長時間的讓寶寶吸吮，乳頭會泡脹容易受傷，故請媽媽們要注意。

每次哺乳的時候，不可過於神經質的擦拭乳頭，用溼毛巾輕輕擦拭即可。

若將寶寶抱得太低，乳頭會被他的嘴唇往下拉，容易造成乳頭皸裂。在寶寶的臀部下墊軟墊或毛巾被，讓寶寶的嘴唇與乳頭同高。

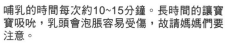

亦是造成乳房疼痛的原因。因乳頭皸裂，只要寶寶一吸吮，媽媽便會感到刺痛。

故媽媽們儘可能在懷孕期間保健乳房，是使產後哺乳工作順利進行的重要關鍵。

乳頭保健的方法

乳頭保健應從懷孕前即著手保健。治療乳頭沒陷或扁平是丈夫的工作。若先生經常吸太太的乳頭，會增加乳頭的抵抗力，使寶寶的吸吮運動對乳頭也不會造成傷害。

若錯過懷孕前即做乳房保健的夫妻，在孕期中務必嘗試看看。但在懷孕初期或後期，若乳房出現腫脹（子宮收縮的信號），要預防早產或流產，故嚴禁丈夫吸乳頭的動作。

另外，解決乳房因阻塞而脹痛的問題，在懷孕末期，將乳霜塗在乳頭上即可，若乳房不再腫脹，即可停止。

開始哺乳，乳頭的保健是一項重要的課題，千萬不可使乳房又熱又潮濕。

我們身體的臉部或手等經常接受「蒸氣浴」，會使肌膚緊緻。相同地，對乳房也會產生此種效果。餵完奶之後，不要立即穿上衣服，稍微接受一下蒸氣浴。

若乳頭尚殘餘乳汁，用蒸氣浴的話，容易成爲黴菌生長的溫床，造成乳頭皸裂等。先用熱水浸泡過的消毒紗布清潔殘餘的乳汁，擦拭乾淨後再做蒸氣浴。

若乳頭受傷，媽媽會猶豫到底要不要繼續餵寶寶母奶，可罩上保護乳頭的乳頭罩，再讓寶寶吸吮。千萬不要忍著，儘早到婦產科或小兒科就診治療。

●乳房門診初診時的主要症狀

乳汁分泌不足	92 例(40.8%)
乳頭皸裂	9 例
乳頭沒陷	12 例(5.3%)
乳頭大	3 例
乳頭痛	4 例
乳房痛	14 例(6.2%)
乳房腫脹	4 例
乳腺炎引發的硬塊	12 例(5.3%)
乳房硬塊	58 例 (25.8%)
希望按摩	7 例
停止哺乳	6 例
其他	3 例
計	224例

(聖母會天使醫院調查彙整)

●胸罩襯墊

為不讓乳頭接觸到蒸氣，可罩上保持乳房乾燥的胸罩襯墊。若乳汁溢出沾到胸罩襯墊上，會變成溫溫的溼布，乳頭會泡脹且易使保護膜(脂肪)脫落。市售的此種胸罩襯墊有些是根據乳頭的形狀而設計，對乳頭有問題的媽媽真是一大福音。

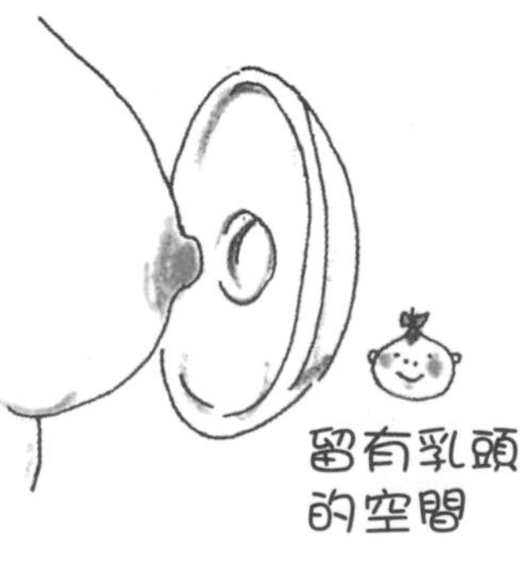

按摩使乳汁分泌佳

做做體操，放鬆緊繃的身心

母乳又稱爲白色的血液，其理由爲何？因母乳有清血的功能。故爲使母乳分泌旺盛，除了須攝取適度的營養外，亦必須配合適當的運動或按摩，以促進新陳代謝，使流入乳房的血液循環順暢。

哺乳讓初次當媽媽的人相當辛勞。由於不習慣、過度緊張，致使肩膀酸痛、頸部僵硬等症狀出現。若肌肉僵硬會使血液循環變差，爲消除肩、頸部酸痛僵硬，不妨做做體操，放鬆一下緊繃的身心。

孕期中即應按摩乳房；自生產後的翌日開始做母乳體操，但產後母體的恢復情況因人而異，即使恢復的情況不錯，亦須經醫護人員許可後才可做體操。

體操 A

①雙手在胸前交叉，用手指緊抓住手臂的二頭肌。
②將雙手抬高與肩齊平，雙手用力推抓著的雙臂。
③交叉的雙手慢慢的放掉力量，並放下。重複此套動作。

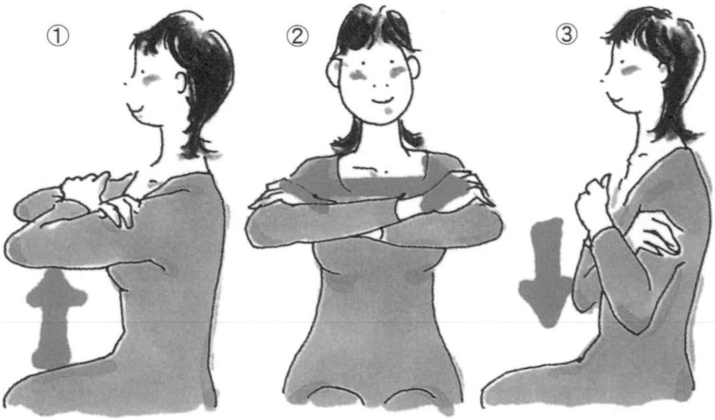

體操 B

①雙手輕握曲肘，將拇指放在肩膀上，手肘緊靠在側腰。
②然後兩手肘向內活動在胸前碰觸。
③再將手肘舉高過肩膀，好像畫圈狀，再回復到動作①。重複數次。

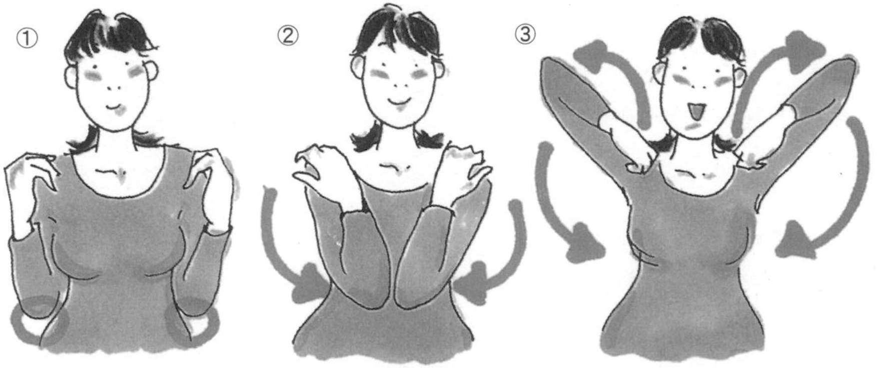

體操 C

①平舉手臂與肩同高伸直。
②高舉手臂呈垂直狀後雙手握拳。
③雙手握拳曲肘垂直向下。
④手肘緊靠側腰部，手臂敲打兩側的胸部。
⑤放鬆手臂的力量，雙手在胸前交叉。

①

②

③

④

⑤

乳房按摩

①以左手托住左邊的乳房，當右手由上而下按摩時，左手用力支撐住乳房。

②左手由下支撐左乳房，再以輕握拳頭的右手，向乳頭的方向按摩。左乳房上部按摩完畢後，以相同的動作再按摩右邊的乳房。

③左手在下托住左乳房，右手放在左乳房的上方，雙手以反方向交互按摩並慢慢的將乳房往上提。右乳房亦進行相同的動作。

④以右手托住左乳房，左手的虎口貼在乳暈(不要碰到乳頭)，確實的輕壓數次。右乳房亦同。

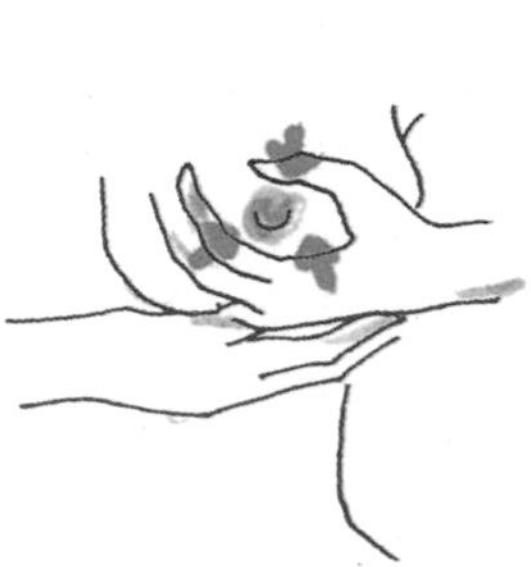

哺乳

增加母乳量的飲食

三餐營養要均衡

媽媽整日爲照顧寶寶忙碌不已，若不注意自身的飲食，隨便亂吃的話，會影響母乳的分泌。產後的一個月，最好請媽媽或婆婆幫忙煮食，重溫一下有「媽媽味道」的飯菜。

若是小家庭，務必請先生幫忙，特別是出院之後到滿月的這段期間，媽媽的身體還處於產褥期的階段。

且此期間是母乳能否分泌足夠的重要關鍵時期。媽媽不能帶著出生不久的寶寶外出購物，希望初爲人父的先生，不要加班，充當採買的工作。

半夜，媽媽要起來好幾次，導致睡眠不足影響食慾，有很多媽媽都沒有吃早餐。但是在哺乳期間，媽媽的飲食攝取量必須要比平常更多才行。其他的家事可以不管，但三餐一定要好好的進食。

多攝取黃綠色的蔬菜

請參閱表①。哺乳期間的熱量（活動力、體溫的保持）、蛋白質（組成身體）、維生素、礦物質（調節身體）……等，都要攝取的比平常還要多。

魚貝類、肉類、穀類亦必須比平常多攝取。但是不要忘了黃綠色的蔬菜，特別是菠菜含有大量的鐵質、乳製品富含鈣質，是寶寶身體發育不可缺乏的物質。

可哺餵營養成份均衡的母乳至寶寶五個月大左右，請參考表②、表③，媽媽們務必均衡攝取。

表① 國人營養的必需量　　(I.U. 國際單位)

年齡(歲)	熱量(kcal)	蛋白質(g)	脂肪熱量比(%)	鈣質(g)	鐵質(mg)	維生素A(I.U.)	維生素B1(mg)	維生素B2(mg)	葉酸(mgNE)	維生素C(mg)	維生素D(I.U.)
0歲(6個月)	100~120/kg	2.6/kg	45	0.4	6	1000	0.2	0.2	2	40	400
20歲(女性)	1800	55	20~25	0.6	12	1800	0.8	1.0	13	100	100
哺乳期	+600	+20	25~30	+0.5	+8	+1000	+0.3	+0.3	+4	+40	+200

表② 成年女性每日應攝取的食品及量(上田玲子)

營養	功能	食品及必需量	具體的食物及估計量	
		每日應攝取的食品及量		
維生素及熱量的來源	調節身體	黃綠色的蔬菜 100g	紅蘿蔔 1根、青椒3個、菠菜3棵、蕃茄1小顆	每種皆約100g左右
		淺色的蔬菜 200g	白菜1/5棵、蘿蔔1/4顆、洋蔥2顆、小黃瓜2條、茄子小的3根、高麗菜3片	每種皆約200g左右
		薯類 100g	馬鈴薯1個、甘薯1/2條、芋頭小的2個	每種皆約100g左右
		水果 200g	柑橘大的2個、蘋果1個、草莓20粒、香蕉2根、葡萄1串	每種皆約200g左右
蛋白質的來源	組成身體	牛乳・乳製品 250g	牛乳1瓶(200g)、乳酪1片(25g)	
		蛋類 50g	雞蛋1個(50g)	
		魚貝・肉類 250g	魚1片(80g)、薄片的肉2片(80g)、雞胸肉2塊(80g)	
		豆類・豆製品 60g	豆腐1/4塊(60g)、味噌淡味1大匙(15g=味噌湯1碗的量)	
熱量的來源	基本活動或體溫的維持	穀類 180g	飯1碗、麵包1片(厚片)、烏龍麵1團	★必須攝取的量
		油脂 20g	油1.5大匙	
		砂糖 20g	砂糖2大匙	

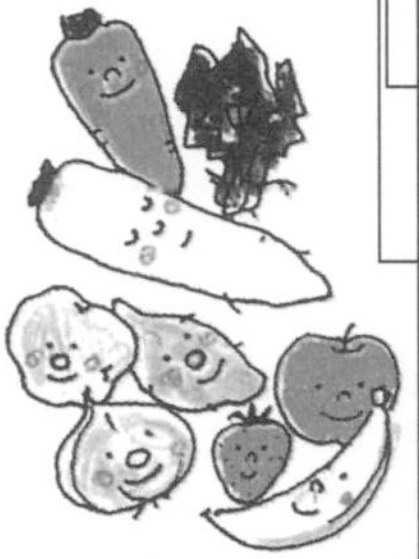

★此欄是各食物需攝取的量。胡蘿蔔1小根約100g、白菜1/5棵約200g、馬鈴薯1個約100g。

充分攝取蔬菜的要領：蔬菜必須經火煮、炒過。若吃了大量的生菜，但實際上所攝取到的養分只有少量。

故要多吃水煮、炒過的蔬菜。且炒過的蔬菜富含胡蘿蔔素（黃綠色的蔬菜特別多，在體內轉成維生素A）等，有助於脂溶性維生素的吸收。

表③ 哺乳期所需的營養量(上田玲子)

★充分攝取水分及蛋白質。一面控制體重不要過胖，一面來決定熱量的攝取量。

和非哺乳期間的比較			
牛乳 增加 ↑		魚、貝、肉類 增加 ↑	
穀物 增加 ↑		油脂 增加 ↑	
		一日量(g)	攝取的估計量
維生素及礦物質的來源	黃綠色的蔬菜	100	菠菜3棵及胡蘿蔔1小根
	淺色的蔬菜	200	高麗菜1大片 小黃瓜1條
	薯類	100	馬鈴薯1個
	水果	200	蘋果1個及柑橘大的2個
蛋白質的來源	牛乳、乳製品	600	牛乳2瓶、優格1個 薄乳酪片2片
	蛋類	50	雞蛋 1個
	魚貝類、肉類	130	魚1片 小牛排1塊
	豆類、豆製品	80	納豆1/2包、豆腐1/4塊、味噌1/2大匙
熱量的來源	穀物	240	飯1碗、麵包2片
	砂糖	20	2大匙
	油脂	20	油1.5大匙

哺乳

沖泡奶粉的方法

爸爸
也來
幫忙囉！

對奶粉要有信心

對寶寶而言，母乳是最佳的營養聖品。但不知何故？媽媽就是分泌不出母乳，無法餵寶寶母乳或因母親是上班族等等，寶寶必須喝牛奶。

此時，媽媽無需自責。目前奶粉的成份配合寶寶的生長且富含寶寶發育所需的營養，可以讓寶寶安心飲用。

沖泡牛奶時，必須遵守每階段的用量，奶粉過多，會造成寶寶腹瀉，且奶嘴洞的大小也很重要，每滴牛奶滴落的間隔距離約3~4公分者，此洞孔的大小最適當。

注重奶瓶清潔及消毒的工作

1~2個月大剛出生的嬰兒，由於抵抗力弱，且寶寶沒喝完的牛奶容易滋生黴菌，應徹底清洗、消毒奶瓶用具。

寶寶喝完後立即清洗奶瓶，不要放著不理，光用水沖不乾淨，須用專門清洗奶瓶的刷子清洗。塑膠奶瓶最好用海綿製的刷子清潔，才不會產生刮痕。

奶瓶的蓋子及奶嘴更要仔細清洗乾淨。

一般消毒奶瓶的方式有：煮沸、蒸氣及藥劑消毒等三種。

煮沸法簡單又確實，最多人採用。將奶瓶及奶瓶夾放在水中煮，沸騰後再煮7分鐘，再將奶嘴及蓋子放入再煮3分鐘。但奶嘴要用紗布包好再放下去煮。

●沖泡牛奶的順序

我家有方便的熱水瓶
奶粉的用量要準確
MILK
保溫瓶使用便利
冷水

①將煮沸後60℃的開水倒至奶瓶2/3的部位。

②再將奶粉輕輕的放入奶瓶中。

③輕輕的搖動奶瓶使牛奶溶化。要領之一:瓶底下方畫圓圈。

④再注入適量的熱水。

⑤用夾子夾奶嘴套在瓶蓋上，再轉好瓶蓋。

⑥用水沖瓶身，使其冷卻，再滴2~3滴在手的內側，以判斷溫度是否剛好。

消毒過的奶瓶用具需以夾子夾出，並保持清潔。若保存盒有蓋子就方便很多了。奶嘴請放在密閉的容器內。使用蒸氣法可每日匯集消毒一次即可。蒸的時間約10分鐘左右，奶嘴需另外放在容器內再蒸。

可將奶瓶用具放入微波爐專用盒中，再以微波爐加熱消毒，非常方便。

媽媽的手隨時保持乾淨

奶瓶消毒完全後，媽媽自己的手乾淨與否是一大盲點。媽媽幫寶寶換完尿布後，沒有洗手直接沖泡牛奶的情況屢見不鮮。

沖泡牛奶前，務必養成用肥皂洗手的習慣，因指縫中隱藏很多的細菌，而且媽媽要定時剪指甲，注意指甲不要留太長。

有些媽媽過度的洗手，而引發肌膚乾燥發癢。可準備溫和的肥皂，且在事情做完後，用品質佳的乳液護手。用粗粗糙糙的手碰觸寶寶，易使他不高興，最後倒楣的還是媽媽喔！

●清洗奶瓶的方法及消毒的順序

①餵完奶之後，立即清洗奶瓶及奶嘴，請使用專用的刷子，每個地方都要洗得乾乾淨淨的。

②奶瓶及夾子放入水中煮沸後，再煮7分鐘消毒，之後再放入奶嘴煮沸3分鐘。

③以夾子夾沖泡牛奶的用具，放在鋪有紗布的收容器內，以瀝乾水分。

沖泡牛奶前，務必將手清洗乾淨。因指縫中的黴菌蠢蠢欲動，最好使用刷子刷一刷指甲。

④匯集一天的用量一起消毒後，放在有蓋子的容器中保存。

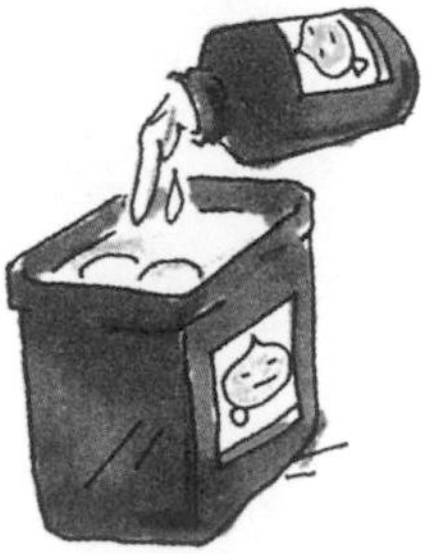

可用專用的消毒藥品消毒，時間約1小時以上。

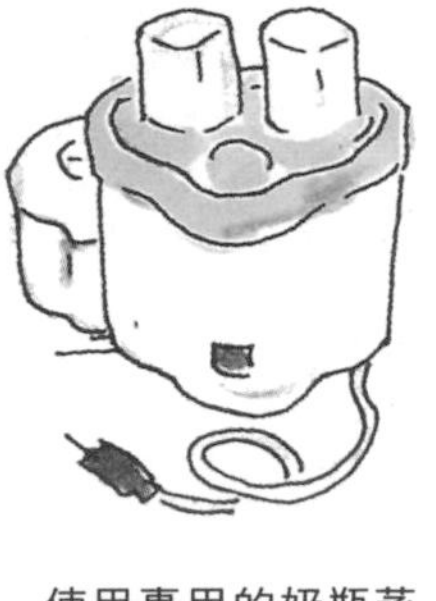

使用專用的奶瓶蒸氣消毒器，蒸約30分鐘，消毒方法簡易。

不要將舀奶粉的湯匙放在奶粉罐中

奶粉罐的蓋子要確實的蓋好，以防受潮。

哺乳

餵奶的建議

媽媽必須抱著寶寶餵奶

近來強調母乳的營養，並可強化母子間的親情關係。但是哺育牛奶亦不輸給母乳，餵奶的時間，是母子肌膚緊密接觸的機會。

寶寶最喜歡被人溫柔的抱著。媽媽對著寶寶說：「喝奶囉！」，心情舒暢的抱起寶寶，安詳的看著他喝奶的樣子。

即使寶寶自己會拿著奶瓶喝奶，希望媽媽也抱著他喝奶。

餵奶時，奶瓶要斜拿著

餵奶的時候，要拿乾淨的紗布圍在寶寶的下顎，用消毒棉擦拭嘴巴四周。

●餵奶的方法

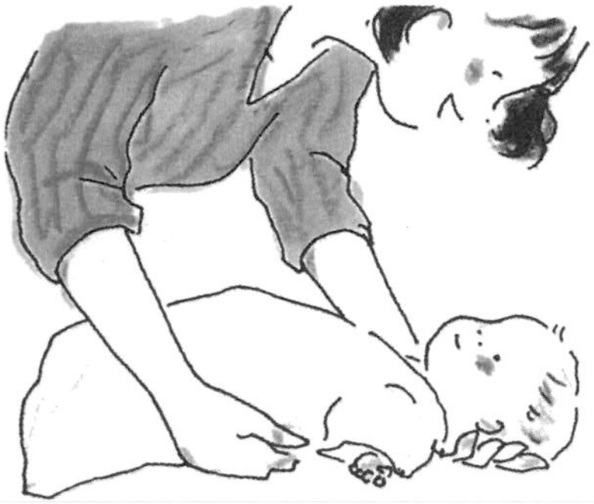

①將手放在寶寶頭部下方，另一隻手托住臀部，謹慎的抱起寶寶。不要害怕，對自己要有信心。

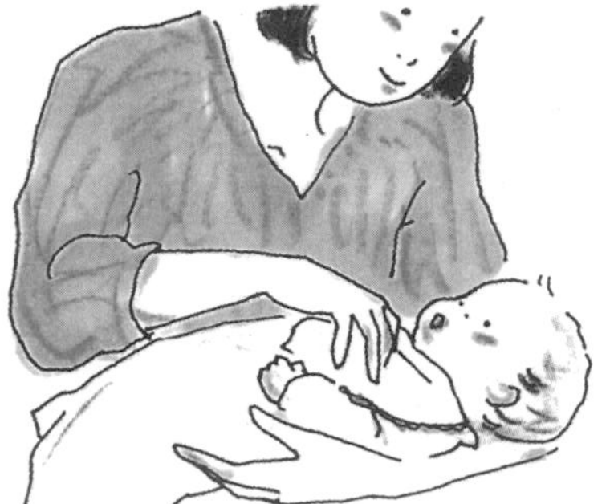

②抱起寶寶後，將寶寶的頭移往媽媽彎曲手臂的內側，手掌托住寶寶的臀部，以貼近媽媽。

③斜斜的拿著奶瓶，讓奶嘴的部分充滿牛奶而無空隙，讓寶寶氣定神閒大口大口的吸食。

斜拿著奶瓶，使奶嘴頭的部分充滿牛奶。若有空氣，則寶寶無法順利吸食。

奶瓶一靠近寶寶的嘴巴，便大口大口的用力吸食。一邊配合逐漸減量的牛奶來調整奶瓶的傾斜度，但請不要讓奶嘴的部分出現空隙。

若寶寶吸得太過用力，奶嘴會扁掉，將奶瓶抽離，奶嘴便回復原狀再讓寶寶繼續喝。

奶瓶要斜拿著，不可平拿著奶瓶讓寶寶喝奶，吸奶的同時也會吸入空氣。

請採用自認簡易的方法。奶嘴頭的部分要充滿牛奶不可有空隙，配合寶寶的喝奶將奶瓶傾斜讓他喝奶。

餵奶的時間大約10~15分鐘左右。若喝奶的速度太慢，亦不可勉強他喝快。

寶寶喝完奶後，要讓他打嗝

若喝完奶沒有打嗝就讓寶寶睡覺，常發生吐奶的情況，這是因爲寶寶喝奶時吸進空氣的緣故。

餵完奶後，將寶寶的腋下靠在媽媽的肩膀上，直立抱著寶寶，用空掌輕拍他的背部，一下子寶寶就會打嗝。

若寶寶一直都沒有打嗝，將他直抱一會兒，即能順利的打嗝。

即使寶寶打嗝了，仍舊不想睡覺，媽媽可以和他說說話：「ㄋㄟㄋㄟ好喝嗎？」、「還不想睡覺嗎？」。

剛開始餵奶時，若寶寶哭泣時可以讓他喝奶。他稍微長大後，身體的律動自然形成，餵奶也有一定的間隔，但每個寶寶的間隔時間不同，一般大約3個小時左右。

但是有時候寶寶的肚子眞的餓了，有時是不餓的狀態，因爲寶寶知道要向媽媽撒嬌或有所要求時，都被媽媽以爲是想喝奶，故不要拘泥餵奶的間隔，請給寶寶喝奶吧！

④餵完奶後，要讓寶寶打嗝。將寶寶抱直，頭部靠在媽媽的肩膀上，媽媽以空掌輕拍寶寶的背部。

⑤將寶寶斜抱，讓寶寶的頭部抬高，以空掌輕拍寶寶的背部，亦是讓寶寶打嗝的方法。

哺育母乳與牛奶的建議

哺乳

以母乳為主，再補充牛奶

媽媽的母乳分泌不足或白天工作的母親，無法餵寶寶母乳時，可以母乳爲主，牛奶爲輔來哺育寶寶。

採用母乳與牛奶混合營養哺育寶寶的基本方針：母乳少但仍有分泌的話，還是以母乳爲主，要了解母乳的出乳方式再配合補充牛奶。

雖然母乳不足，但其情況又可分爲幾乎沒有奶水、一次的出乳量不夠或某段時間的出乳量不佳等。有些媽媽只是暫時性的乳汁分泌少而已，不要一開始即仰賴牛奶，應先哺餵寶寶母乳爲主，餵牛奶爲輔，找出適切的方法。

可由下列線索得知母乳不足的事實：寶寶一臉不滿足的離開媽媽

●母乳不足的警訊

①寶寶吃了20幾分鐘的母乳，還一臉吃不飽的樣子。

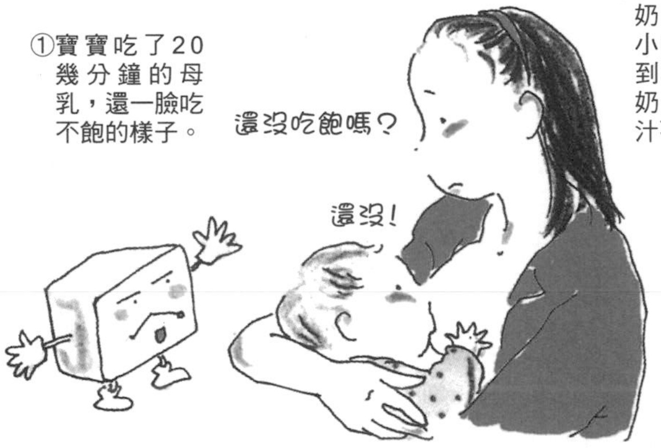

②出生半個月後，吃完奶之後，約可撐2~3小時再餵奶，若隔不到30分鐘寶寶又想吃奶，可能是母親的乳汁不夠。

③寶寶每週量一次體重，出生後的2~3個月每天的體重若增加不到15g，表示媽媽母乳的分泌量不足。

④寶寶排便的次數急速減少且量亦不多、大便硬硬的，好像便秘的樣子，可能是母乳不夠所造成的。

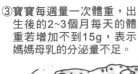

的乳房、哺乳的間隔變的很短、寶寶大便的次數變少、常常吵鬧睡不好。

媽媽懷疑母乳量不夠時，需每日量寶寶的體重，調查每天所增加的體重爲多少。出生後2～3個月，寶寶每天體重約增加20～30g的話，則不必擔憂，若每天的體重增加不到15g則可能是母乳不夠，應前往小兒科等醫療院所檢查。

若寶寶討厭喝牛奶，請不要焦急

原本已經習慣母乳與牛奶輪流餵食的寶寶，在2～3個月時突然討厭喝牛奶。因爲寶寶知道母乳與牛奶的味道不同，及媽媽的乳頭與奶嘴頭的觸感不同。若強迫寶寶喝牛奶，他會越來越討厭牛奶。

母乳不足的情況嚴重時，可以開始添加果汁、蔬菜汁或稠米粥做爲補充。母乳的分泌量若未達寶寶需求量的一半時，請放棄母乳哺育。2～3日之後寶寶便習慣喝牛奶了。有關到底要不要哺育母乳一事，請至小兒科諮詢。

●母乳不足的情況

①每次哺乳，媽媽的母乳量不足時，喝完母乳後，以牛奶補充。

②媽媽上午及夜晚母乳充足則餵寶寶母乳，中午媽媽沒有乳汁則餵寶寶喝牛奶。

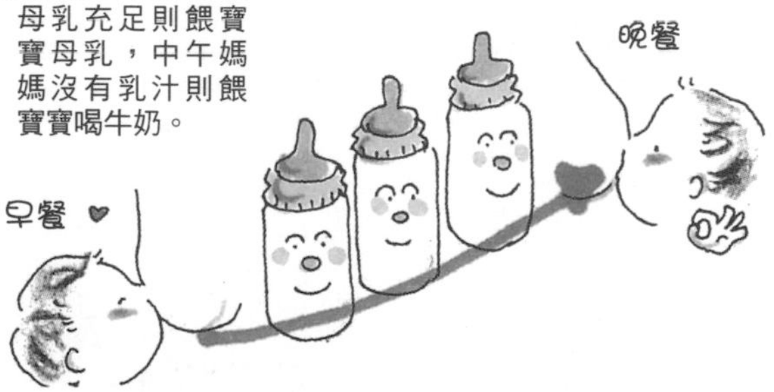

③若媽媽幾乎沒有分泌母乳，可將母乳當作寶寶的點心。

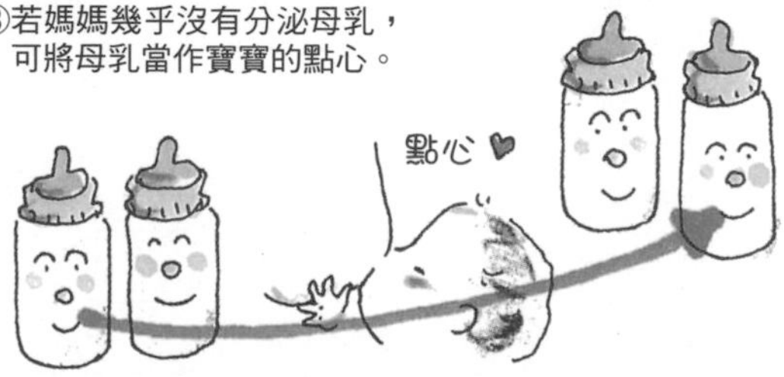

●補充牛奶

①每次餵奶雖然都有乳汁，但每次的量不多，無法餵飽寶寶。

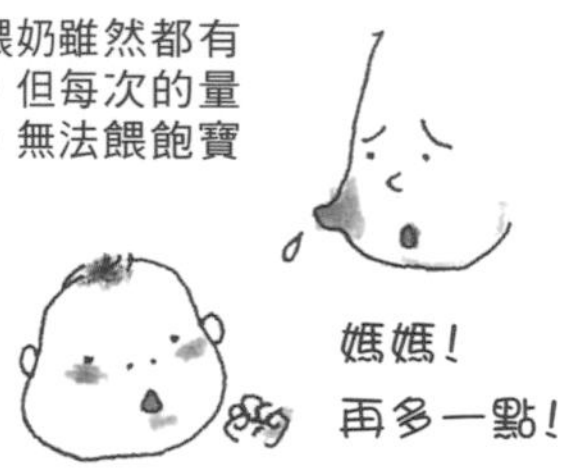

②早上或夜晚母乳十分充足，但中午就是不分泌。

③寶寶吸吮的話，會有乳汁，但無法餵飽寶寶。

斷奶

開始斷奶的建議

開始斷奶時請不要過於焦急

媽媽非常在意寶寶應於何時開始斷奶？若斷奶實行過早，不一定會成功。寶寶的心理及生理，等著接受母乳或牛乳以外的食品。

一般約在4個月大，體重約在7kg左右，但現今多在寶寶5個月大，體重足夠已不是問題時才進行斷奶。若太早斷奶，對發育尚未完全的腎臟、腸胃等內臟造成很大的負擔，亦可能引發過敏症。

但是若太晚斷奶，在營養及發育方面會有問題。而且寶寶7個多月大，其智能增加，此時反而無法順利進行斷奶的工作。

總之，約在寶寶5個月大左右（4～6個月間）進行斷奶，時機最爲恰當。當發育良好的寶寶看著大人吃東西時，即露出一副想吃的樣子，即可進行斷奶的工作。

斷奶前的準備

開始餵寶寶吃濃稠的副食品之前，讓他習慣用湯匙吃東西，事先讓他嚐試除了母乳或牛奶以外的味道，如此斷奶工作才會順利。

3～4個月大時，可餵他果汁或蔬菜湯，事先擴展他的味覺世界。但寶寶若不喜歡或排斥，不可勉強他吃下。

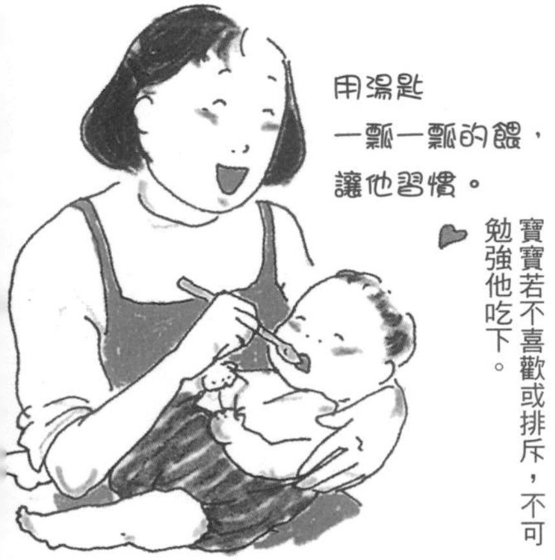
用湯匙
一瓢一瓢的餵，
讓他習慣。
寶寶若不喜歡或排斥，不可勉強他吃下。

●斷奶的時機

區分			斷奶初期	斷奶中期	斷奶後期	完全斷奶
月齡(月)			5～6	7～8	9～11	12～15
次數	斷奶(次)		1→2	2	3	3
次數	母乳、嬰兒牛奶(次)		4→3	3	2	※
調理的型態			濃稠狀	用舌頭可弄碎的硬度	用牙齦可弄碎的硬度	用牙床可咬碎的硬度
一次的量	I	穀類(g)	糊粥 30→40	粥 50→80	粥(90→100)→軟飯80	軟飯90→飯80
一次的量	II	蛋(個)	蛋黃 2/3以下	蛋黃→全蛋 1→1/2	全蛋 1/2	全蛋 1/2→2/3
一次的量	II	或豆腐(g)	25	40→50	50	50→55
一次的量	II	或乳製品(g)	55	85→100	100	100→120
一次的量	II	或魚(g)	5→10	13→15	15	15→18
一次的量	II	或肉(g)		10→15	18	18→20
一次的量	III	蔬菜、水果(g)	15→20	25	30→40	40→50
一次的量	調理用的油脂類、砂糖(g)		各0→1	各2→2.5	各3	各4

※母乳或牛奶每天約300～400ml　　摘自《斷奶的基礎》

有下列情況即可開始斷奶

寶寶會告知斷奶的信號，若觀察到下列的情況，即可著手爲他進行斷奶。

最重要的是：寶寶有無想吃副食品的意願。當寶寶目不轉睛的看著爸爸、媽媽吃飯，嘴巴一直發出「ㄇㄢㄇㄢ」聲，口水一直流下來的樣子，即可開始進行斷奶。

若寶寶已習慣用湯匙喝果汁或蔬菜汁的話，應可順利進行斷奶。有些寶寶討厭果汁或蔬菜汁，但卻喜歡吃稀飯，不妨讓他試試看。

若哺乳的間隔時間尚無規則性，則不可貿然進行斷奶。不可強迫寶寶爲斷奶而斷奶。若副食品進食順利，則哺乳的間隔也一定時，請開始進行斷奶。

媽媽期待寶寶斷奶後即有休息的時間

寶寶的小嘴裏吃著少量的食物，一開一合的模樣，非常討人喜歡。請媽媽期待此場景的出現。

媽媽心裏不斷的想：要讓寶寶吃副食品、要讓寶寶吃副食品的話，不但沒有充裕的時間，且會使寶寶緊張。

吃飯本來即是一件令人愉快的事，氣氛愉悅使食欲大增，也易幫助消化。餵寶寶吃飯千萬不可緊張或焦急。請在愉快的氣氛中進行斷奶。

●開始斷奶

①先習慣用湯匙進食，若寶寶不討厭喝果汁或蔬菜湯，則可開始斷奶。

②口水不斷的流出。口水表示想吃的意願。請即刻斷奶。

③哺乳的間隔一定嗎？若肚子餓已呈規則性，則易進行斷奶的工作。

④寶寶的發育良好嗎？若寶寶沒有生病且非常的健壯，寶寶的身體需要母乳或牛奶以外的營養。

⑤注視著家人吃飯，寶寶嘴巴一張一合的動著，即可開始斷奶。

寶寶斷奶的進程

寶寶弄得髒兮兮的

寶寶斷奶後嚐試各種味道的同時，也正在學習吃東西的方法。他不可能一下就學會如何吃東西，剛開始到處都是飯粒，一下湯倒了，一會兒碗掉了，在試探錯誤的過程中，才逐漸學會吃飯。

對第一次吃飯的寶寶而言，對湯匙是運送食物，盤子是裝菜的用具毫無概念。而他認爲盤子及湯匙是何物？揮舞著湯匙，敲一敲、啃一啃盤子⋯，結果食物翻倒，弄的到處都是，還樂此不疲。且由於手的運動發展尚未臻於成熟，想要往嘴裏送食物，偏偏弄到臉頰，食物灑落的一地。但是若不經此練習階段，無法順利的學會吃飯。

初期

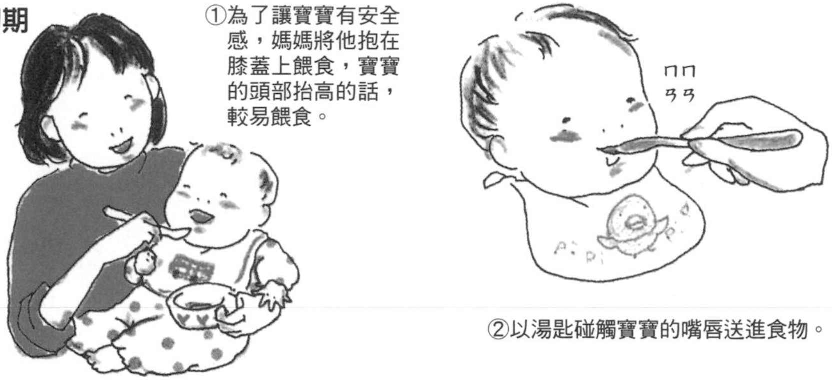

①為了讓寶寶有安全感，媽媽將他抱在膝蓋上餵食，寶寶的頭部抬高的話，較易餵食。

②以湯匙碰觸寶寶的嘴唇送進食物。

中期

①讓寶寶輕鬆的坐在「螃蟹車」，媽媽以湯匙餵他，請配合寶寶的進食步調。

②好奇心重的寶寶，看到食物即伸手去抓。翻倒食物或吃得滿臉像個小花貓，也無所謂。

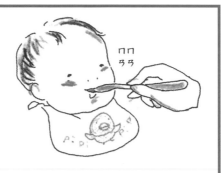

寶寶弄的一塌糊塗，父母親要心平氣和的對待，寶寶吃飯前，可以先鋪上塑膠布或報紙。

每次都弄的髒兮兮的，大人們會很生氣，但是寶寶不知父母爲何生氣，感覺好像自己被禁食不准吃東西，對吃飯的興趣全消的話，之後父母便要開始傷腦筋了。請尊重寶寶吃飯的意願，巧妙的引導他漸入佳境。

讓寶寶儘快習慣斷奶後的飲食

剛開始斷奶時，練習吞嚥食物。將寶寶的頭抬起，如此的姿勢將使寶寶容易吞嚥。媽媽將寶寶抱在腿上比放在螃蟹車上餵食，會讓寶寶更有安全感。讓第一次的斷奶飲食順利進行。

將湯匙水平狀拿起，觸及寶寶的下嘴唇，下嘴唇一碰到食物，寶寶即開始準備吃進嘴裏。且上嘴唇將食物含進口中，能送達舌頭的內部，咕的一聲便吞下去。

若食物呈液狀，用湯匙輕輕的舀起餵進寶寶的口中。

勿剝奪寶寶吃的意願

寶寶逐漸習慣斷奶後的飲食，很喜歡伸手去拿食物及碗盤，這是寶寶對「吃」這件事感到很好玩的積極表現，身爲父母的人應該很高興，對準備食物給寶寶吃的媽媽來說，常被寶寶搞得緊張兮兮的。

讓寶寶拿一根湯匙或乾淨的碗，一邊滿足他的好奇心，一邊餵他吃飯。

媽媽伸出湯匙時，可以對寶寶說：「好棒喔！寶寶你已經很會吃了！」媽媽在旁誘導他拿湯匙，以滿足他自己吃東西的成就感，不要忘了對他說：「眞的很好吃耶！」

寶寶吃飯的時間約20分鐘左右。可以慢慢的吃。寶寶邊吃邊玩無所謂。無需計時寶寶的吃飯時間，否則吃飯的樂趣盡失。

①讓寶寶自己拿湯匙吃飯。媽媽在旁見機協助。
②最重要的是讓寶寶自己有想吃飯的意願。可增加用手拿東西吃的機會，以訓練寶寶的小肌肉。

斷奶

斷奶後調理飲食基礎(1)

初期的基本飲食調理方法：搗碎、過濾

開始斷奶時，餵寶寶的食物儘可能調理成液狀。

但是基本的調理法爲：搗碎、過濾、磨成泥狀。

適合搗碎後給寶寶吃的食物，除了粥之外，還有烏龍麵、煮軟後的馬鈴薯、紅蘿蔔等蔬菜，因爲量不多，最爲簡單的方法是用湯匙的背部壓碎，背面平坦的湯匙最好用，但視情況而定，有洞孔的湯匙也很便利。

因少量的過濾，可用過濾器或濾網。有孔目的濾網容易殘留渣滓，使用後請立刻清洗乾淨。

第一次吃稀一點好喔！

主要食物的調理法

切細

●麵類（適合初期）

①將麵條切丁。到了中期，長度切成3cm左右，初期儘可能切細。
②煮熟，利用高湯做為湯底，不須特別的調味。

切細
切細
用寶寶專用的高湯調理後的麵麵
煮熟煮軟

搗碎

●粥

①洗好的米加入10杯水煮成粥。蓋上鍋蓋點火。最好是用砂鍋來煮。
②剛開始用大火煮，沸騰之後轉成小火，約煮一個小時左右，即可熄火，再燜個5~10分鐘。
③將煮好的粥再壓碎。

1杯米加進10杯水
咕嚕咕嚕
注意火不可太大，以免溢出。

把要過濾的食物煮熟煮軟後，趁熱放到過濾網或濾器。過篩時勺子與濾網呈斜狀，可將食物的纖維取出，口感絕佳。初期請用湯匙餵食。

蔬菜類經過篩、磨泥後調理

菠菜等葉菜類最好過篩，紅蘿蔔或蘿蔔磨成泥狀後再調理，蘋果可直接磨成泥狀餵寶寶，乳酪亦磨成泥狀。

磨成泥狀的器具可爲鋁製品，但最好是陶製品。和濾網、濾器相同，用後立即清洗不可留有殘渣。

研缽的用途廣泛

若寶寶稍微習慣斷奶後的飲食之後，可將魚肉、蛋黃、豆腐、煮過的蔬菜，磨碎後餵他吃。

研缽是最佳的幫手，家中最好備有此器具，有些研缽附有平穩的吸盤。網目上容易留有殘渣，故清洗時要特別仔細。研磨棒是木製品容易潮濕，故應經常日曬。

若能善用研缽，斷奶後寶寶的飲食更加多樣豐富。與大人的料理分開處理，所以將食物搗碎後再餵食寶寶，對忙碌的媽媽而言眞是一大福音。

蛋黃因水分少，壓碎後攪拌一下，再餵寶寶吃。

穀類或蔬菜要煮得非常的軟，媽媽及寶寶都要耐心的等待。

主要食物的調理法

磨成泥狀

●蔬菜（適合初期）

①用磨泥器具磨成泥狀。最好使用陶製的磨泥器，但容易殘留渣滓，使用後請立即清洗乾淨。

②用昆布或蔬菜熬煮的高湯來調理，高湯要適量。

篩網過濾

●蛋黃（適合初期）

①水煮蛋。將蛋煮熟煮透，寶寶吃了才不易過敏。

②煮好剝殼後，將蛋黃放在篩網上，用勺子壓碎過濾，再加一點湯汁攪拌均勻。

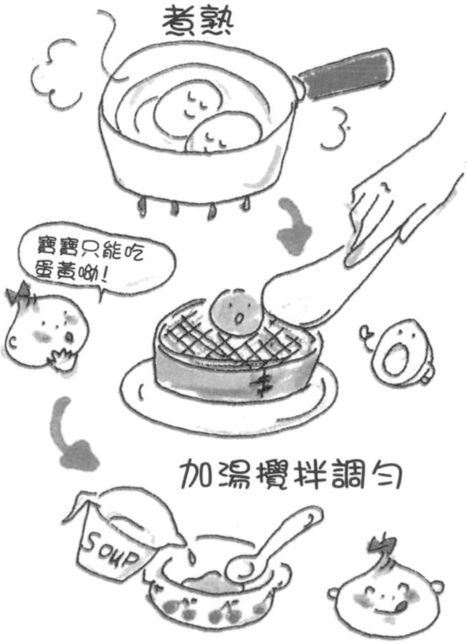

斷奶後調理飲食基礎(2)

好好吃喔！

中期調理的程序簡易輕鬆

到了斷奶中期，可將纖維少的蔬菜煮熟或水果等，用研磨棒或湯匙背面壓碎後餵食寶寶。

到了後期，將燙青菜、水果、納豆等切丁，餵寶寶吃。讓已長牙齒的寶寶享受咀嚼的樂趣。漸漸的，可將食物切成適合寶寶一口吃下的大小。

砧板、菜刀等須保持清潔，特別是容易滋生細菌的砧板，須經常清洗，並用熱水沖燙或曬太陽來消毒。初期請媽媽準備寶寶專用的小砧板。因量少，故可用小刀來切蔬菜等比較便利。

調味要輕淡，以原味爲佳。

主要食物的調理法

切細

●菠菜（適合中期）

①適量的水煮沸後，放入菠菜煮熟。若先切再煮的話，會破壞原有的養分。
②煮熟後夾出切成細狀。
③將鍋子燒熱，放入奶油再將細狀的菠菜放到鍋內炒一炒。

熱鍋快炒
營養好吃

搗碎

●南瓜（適合中期）

①清洗乾淨去籽，切成薄片。
②煮熟煮軟。初期去皮後再煮，若不是以壓碎的方式，則可以帶皮煮。
③仔細將煮熟的南瓜壓碎。在斷奶剛開始時，煮熟後篩網過濾再放入湯中攪拌均勻。

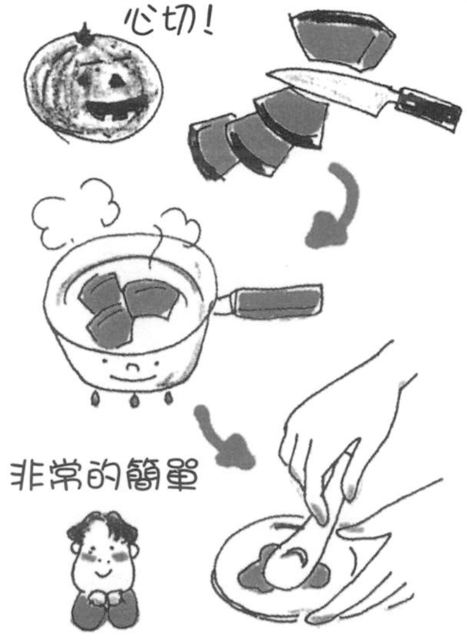
很硬，要小心切！
非常的簡單

調理魚類必須去魚骨

初期將魚煮熟弄碎，再放入高湯中熬煮，餵食寶寶。

到了中期，可加一些調味，用煮或用蒸的方式，將熟透的魚用筷子弄碎夾給寶寶吃。

後期可以適合寶寶一口吃下的塊狀餵他。餵寶寶吃魚肉時，要注意去魚皮及魚骨。將魚煮熟後，易將魚骨去除。

到了斷奶中期開始增加絞肉。將機器絞過2次的絞肉，放入高湯中煮，裹上太白粉增加滑潤，寶寶比較容易吞食。

到了後期，將以奶油調味烤過的肉片，切成小丁或撕成一絲絲來餵寶寶。

遵守每一階段的調理型態及口味清淡

調理魚或肉時，容易不小心調味過重。

明明謹守淡味原則，但在煮或在炒的過程中，口味逐漸變鹹，故請媽媽要特別留意。對自己煮食手藝沒有把握的媽媽，可參考市售嬰兒食品的口味。

調理的型態，初期是半流質狀；中期是半固體的小丁狀；後期則為固體的小塊狀，並配合壓碎、切丁塊、篩網過濾、磨成泥等技巧來為寶寶調理斷奶後的食物，即使寶寶很能吃，也必須遵守該階段的調理型態。

主要食物的調理法

磨成泥狀

●肉（適合中期）

①將冷凍的雞胸肉磨成泥狀，放入滾水中煮。
②放入白高湯或優格中攪拌調勻。
③也可以放入稀飯中。

弄成塊狀

●魚（適合中期）

①將魚切片，放入滾水中去血水。注意不可煮太久，魚肉會太硬。
②煮熟後的魚易去除魚骨，魚刺去除後，用筷子將魚弄成適當的大小。
③使用昆布或柴魚熬煮湯汁，加入少量的醬油及砂糖來煮。煮滾後變成濃稠狀。

斷奶後調理飲食基礎(3)

調理寶寶斷奶後淡味飲食的要領，在於以高湯引出食材本身的鮮美，可以不必大費周章即可辦到。媽媽習慣之後，調理的工作則既簡單又輕鬆。可一次做起來，再依每次的量分裝後放入冷凍庫。

用昆布及柴魚熬煮的高湯鮮味十足，且無腥味，無論是調理寶寶的飲食或大人的三餐都非常的便利。昆布應選用較厚者爲佳。將兩片約10cm左右的昆布以及2袋的柴魚，配以2杯水熬煮。

中期之後，可用雞骨來熬煮高湯。寶寶對魚或肉的口感適應後，可用白高湯來調理魚、肉。成人的三餐亦可利用白高湯。

其他如乳酸菌的奶類（優格）、過濾後濃蕃茄汁、嬰兒用的高湯等等，都是不錯的選擇。

●高湯

①用濕布將昆布擦拭乾淨，剪成梳齒狀放入水中煮。急用時可直接在火上烤。

②用中火煮，水沸騰前將浮在水面上的昆布取出，再加入柴魚用紋火煮約2~3分鐘，邊煮邊將湯中的浮沫撈出。

③熄火後靜置。柴魚沉澱後，在過濾器上鋪上紙巾，過濾整鍋的湯，昆布及柴魚可再使用第二次。

●白高湯

①材料是牛奶1/4杯、麵粉2小匙、奶油一小匙、鹽少許。

②使用平底鍋，將材料一起倒入鍋中，炒拌均勻。若麵粉沒有過篩的話，會結塊結團。

③開始用大火煮開，充分攪拌，以防燒焦。煮滾後轉成小火，邊攪拌邊煮，煮到成濃稠狀。將剩下的白高湯冷凍保存。

●雞骨高湯

①將3~4塊的雞肉洗淨，用熱水川燙。

②與切細的洋蔥、青蔥、紅蘿蔔等放入湯鍋中，用小火煮。湯滾之前皆以小火煮。

③煮沸後，再轉小火，再煮約2小時，邊煮邊撈出浮沫。煮好靜置冷卻後，將表面黃色的脂肪刮除後，再過濾。

調理斷奶飲食應具備的器具

研缽

磨肉泥或拌菜不可或缺的器具。因體積小，可以直接放在餐桌上。

多用途的濾器

最好採用不銹鋼製，不僅可過濾，還可瀝乾蔬菜上的水分。

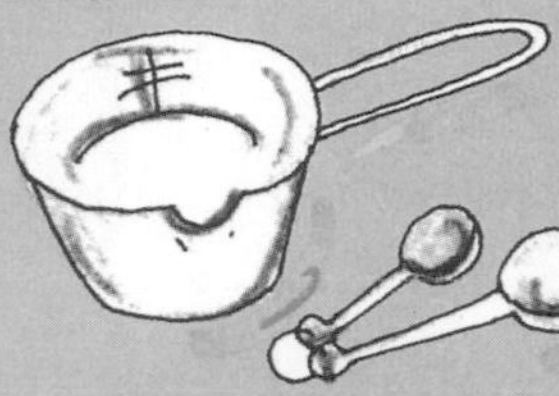

量杯及計量的湯匙

200ml量杯、15ml的大湯匙及5ml的小湯匙。材質最好為不銹鋼，因耐用且易清洗。

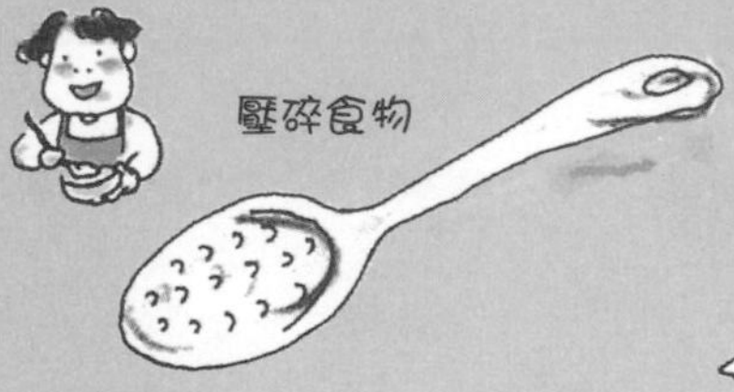

草莓湯匙

背面平整但有顆粒狀，用以壓碎煮過的蔬菜。

檸檬榨汁機

可榨柳橙、檸檬等柑橘類的水果，簡單好用，是做柑橘類果汁的好幫手。

小湯鍋

剛好可煮一次的量，還可直接加溫，這種小湯鍋很好用。

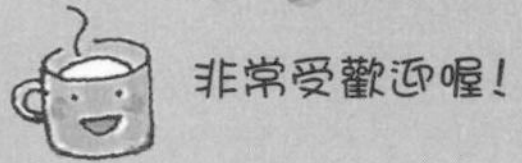

壓碎器

可用壓碎器壓馬鈴薯，比過濾器更方便，也可以用來壓碎其他的蔬果。

小攪拌器

原本是蛋類攪拌器，亦是攪拌少量的美奶滋或奶油的好幫手。

整套斷奶飲食的調理器

有研缽、過濾器、榨汁機等。

斷奶

進入斷奶的準備期

2～3個月的寶寶只知道牛奶或開水冷熱，在散步或洗完澡後，請給他嚐試各種不同口味的果汁或湯品。

若寶寶不喜歡的話，不可以勉強他喝，此階段的寶寶尚不須靠果汁或湯品來補充維生素或水分。若寶寶不排斥則他想喝就給他喝，媽媽以輕鬆的心情看待。

雖然寶寶想喝但是他不知道飽。滿肚子的果汁或湯品，會喝不下正餐的母乳或牛奶，這樣會影響寶寶的營養。

剛開始爲了讓寶寶習慣，故用湯匙餵食，其好處是不會給寶寶吃得過多。

以當季的水果做果汁。果汁太濃，容易引起寶寶腹瀉，故加入2倍以上的白開水稀釋，不須加蜂蜜

●果汁的做法

橘子、柳橙、椪柑等柑橘類的水果可用榨汁機。

①將柑橘洗淨，連皮切半。

②用榨汁機榨汁。

③再用濾茶器或過濾器過濾。

蘋果、梨、香瓜磨成泥狀再過濾。

①蘋果洗淨，切成四等份，去皮及心後浸入鹽水中。

②用磨泥器快速磨成泥狀。

③再用濾茶器或過濾器過濾。

蕃茄、葡萄、草莓、西瓜等果汁用擠壓的方式製作。

①將蕃茄用熱水川燙後去皮。

②去蒂及籽，用刀切細。

③再用濾茶器或過濾器過濾。

或砂糖。不適合用鳳梨、葡萄柚、奇異果等做寶寶的果汁。

蔬菜湯基本上不須加調味料。任何蔬菜都可以做寶寶的蔬菜湯，但味道強烈的茼蒿、牛蒡、青椒、韭菜及煮了會散掉的芋頭等，則不適合寶寶吃。

有些寶寶不喜歡喝蔬菜湯。千萬不可勉強他喝，試著隔一段時間再讓他喝，或許他能接受。

●蔬菜湯的做法

適合做寶寶蔬菜湯的蔬菜

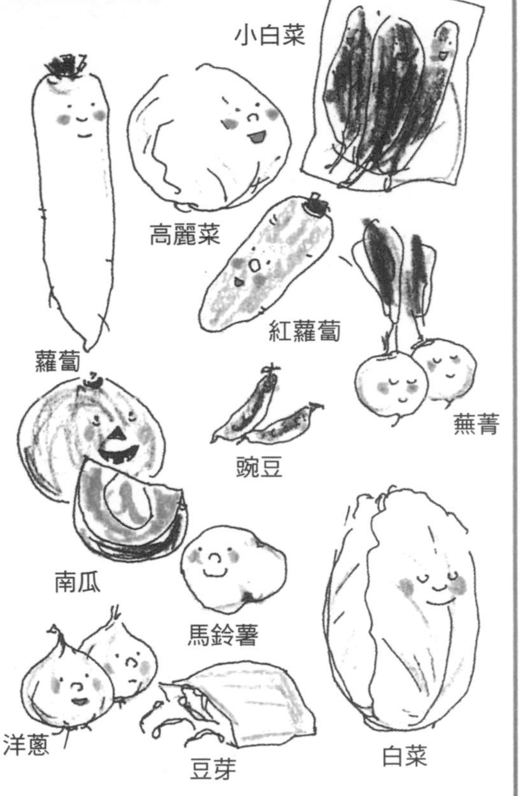

①選擇2～3種適合做蔬菜湯的蔬菜，和昆布一起切碎。

②加入適量的水，煮20分鐘左右。以均勻的火烹煮。沒有加任何的調味料喔!

③等到蔬菜熟透，用過濾器過濾，湯汁清澈。

●可利用大人喝的味噌湯

①取沉澱後的蔬菜味噌湯。

②再加水稀釋，若原本的味噌湯是淡味的，則加2~3倍的水，若是重口味的則加3~4倍的水。

斷奶初期的飲食

初期的調理型態以稍濃的液狀為主

餵食寶寶的食物以稍濃的液狀爲主，如粥、麵包糊、馬鈴薯團等。

用米加10倍水熬煮的粥，攪拌成濃稠的糊狀，有些寶寶不喜歡吃到米粒，可改餵馬鈴薯或香蕉糊等。

市售的嬰兒食品易入口，適合神經質的寶寶食用。亦可選用寶寶專用的速食粥，蔬菜、果汁等嬰兒罐頭食品或鋁箔包等。

選一天寶寶心情開朗的日子，開始進行斷奶的飲食。剛開始餵食，請配合寶寶喝奶的時間，每次餵一湯匙的量，如果寶寶很想再吃的話，餵他3~4湯匙也無所謂。但是一開始爲控制量，請餵他一湯匙即可。

若寶寶排斥斷奶飲食要檢視原因，是否心情不好或食物不夠滑嫩入口，隔幾天之後，再嚐試看看，媽媽千萬不可過於焦急。

●麵包粥

以吐司做成麵包粥，簡易方便，適合忙碌的媽媽。使用不添加漂白劑的吐司麵包。

①吐司1/4片去除外緣硬皮，切成小方塊。

②將吐司放入平底鍋中，倒入50ml的牛奶及與牛奶同量的水，開火煮。

③以小火煮軟，邊煮邊攪拌。

●寶寶粥

用市售寶寶專用米粥或麵包粥等速食。

①配合斷奶時期所需的量，倒入鍋中。

②將熱水、鮮奶、牛奶或湯等煮開，將乾燥的米粥或麵包粥放入。

③蓋上鍋蓋煮2~3分鐘左右即可。

●濃度不同的粥與水的比率

	米與水的比率	小碗2杯的量
10倍水的粥(適合初期)	米1:水10	米2大匙：水1.5杯
7倍水的粥 (適合初期)	米1:水7	米2大匙：水1杯多
5倍水的粥(適合中、後期)	米1:水5	米3大匙：水1杯多
稠粥 (適合後期)	米1:水4	米3大匙：水180ml
軟飯 (適合後期)	米1:水3	米4大匙：水180ml
以飯煮粥(適合初期)	飯1:水5	飯2大匙：水150ml

遵守調理的型態，量逐漸的增加

每天餵食一次持續1個月，寶寶習慣之後，每天餵食2次。餵食的時間即喝奶的時間，可培養寶寶規律的生活，使斷奶後的飲食順利進行。若餵食寶寶後，他仍想喝奶的話，亦請餵他喝奶。果汁和蔬菜湯此階段已功成身退。

餵食的食物無一定的順序。可增加穀類的量，寶寶習慣之後，再陸續增加蔬菜類、蛋白質食品的種類。若斷奶餵食進行緩慢，可能與寶寶的個性有關。若胃口不錯的寶寶，可增加他的食量，但須遵守調理的型態。

媽媽須仔細觀察寶寶的大便，因食物不同，故大便的顏色或軟硬度亦不同，若寶寶健康的話，則媽媽無須擔心。

●斷奶初期的食譜

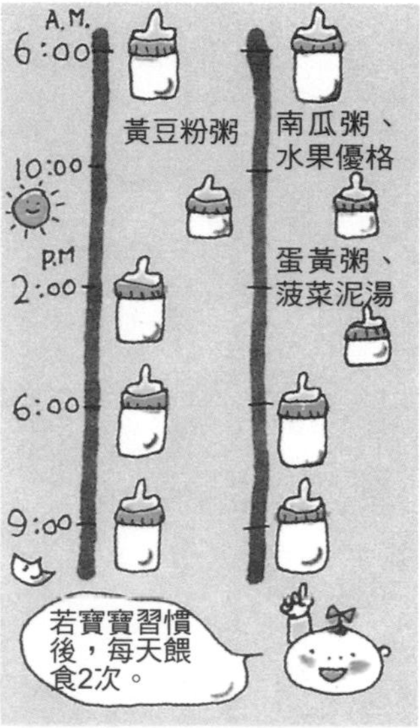

★不要拘泥於某一時間餵食

●循序漸進增加食量

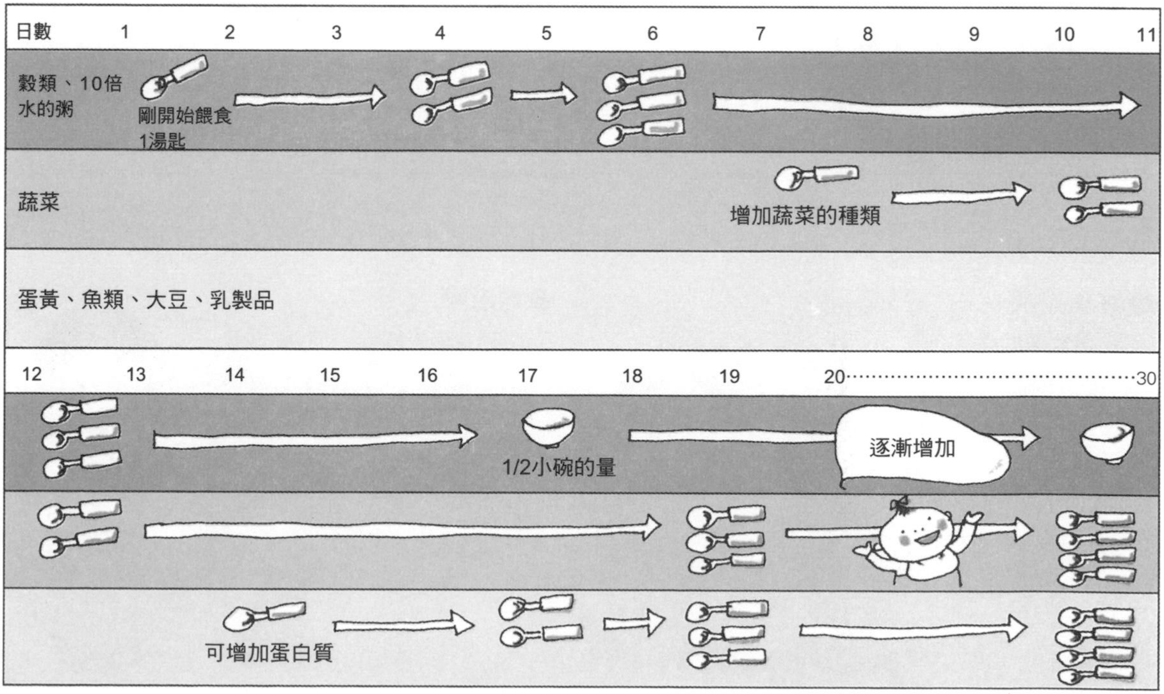

斷奶中期的飲食

調理的型態提升到以寶寶的舌頭可弄碎的程度

斷奶2個月後，若寶寶飲食正常且食量大的話，則調理的型態可提升到以寶寶的舌頭可弄碎的程度。

餵食的次數與初期後半相同，一天2次。

中期前半的調理方式，切細弄碎成濃稠液狀；後半段則可稍微切大一點，硬一點。

每天餵2次，媽媽會比較忙碌一點，但考量營養均衡，務請媽媽多多變化菜單。可用乳製品或油類，烤了之後弄碎或切成丁狀炒一炒後，放入湯中煮或蒸，來變換口味。

●斷奶中期的食譜

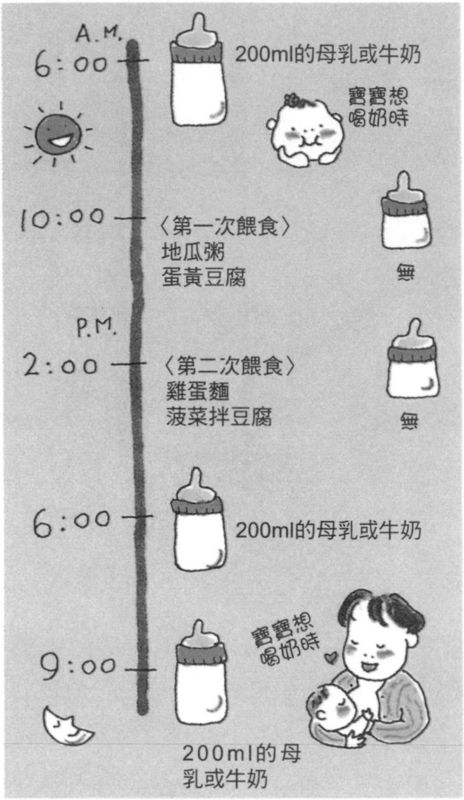

★不要拘泥於某一時間餵食

●雞蛋麵

①1/4碗煮過的麵切細。菠菜葉1棵，川燙去澀味後切細。
②高湯1/3杯，加入少量的醬油調味，再將麵放進去煮。
③麵煮好後再加入菠菜及打散的蛋黃，攪拌後熄火。

●地瓜粥

①地瓜1/2個去皮，切成小丁狀，用水川燙除去澀味。
②將半碗飯加水煮，煮滾後再加入切丁的地瓜煮熟。

均衡的營養分為3個群組

寶寶主要營養的來源是母乳或牛奶，30～40%的養分則來自飲食。聰明的媽媽們，可從下述3個食物群組中，每組至少選出一個食物來準備寶寶的飲食，以達均衡營養。

穀類、調味用的脂質及砂糖	維生素、礦物質	蛋白質
熱量的來源	調節生理	構成身體
飯、麵包、薯類（脂質、砂糖）	蔬果類	肉、魚、豆類等

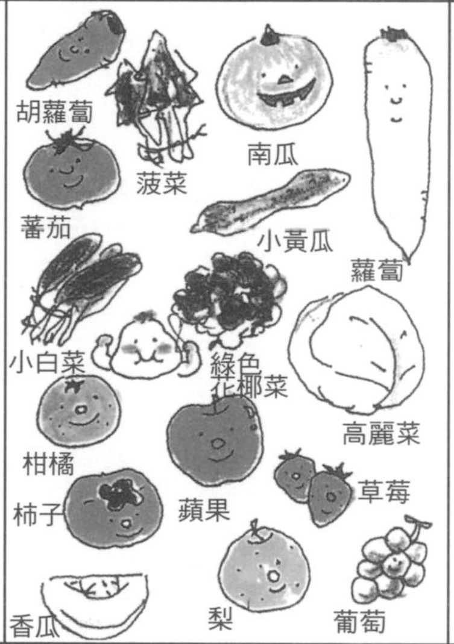

●蛋黃豆腐

①在鍋中放入一大匙的高湯，放入切碎的白菜、碗豆等煮軟。
②加入2匙川燙過的豆腐。
③放入少許的砂糖及鹽調味。
④再加半個蛋黃，蓋上鍋蓋蒸煮。

●菠菜拌豆腐

①使用一棵的菠菜葉。將其煮軟，切成細狀。
②豆腐切成小丁狀，用熱水燙過瀝乾過濾，加入少許的砂糖及鹽調味，再拌入菠菜。

斷奶

斷奶後期的飲食

調理的型態提升到以寶寶的牙床可弄碎的程度

每日餵食2次順利的進行了3個月後，開始每日餵食3次。

寶寶積極主動的吃2次媽媽準備的飲食，且食量有規律的達到某一程度時，即可進行每日餵食3次。

一般的寶寶約在9～11個月左右，即可用上、下牙齦來咀嚼食物。

餵食的時間，早上1次，下午2次，亦不妨和家人吃飯的時間相同，和家人一起坐在餐桌上，更能提高寶寶的食慾。

此階段是寶寶自己想吃的時期，媽媽可以準備一些用手拿來吃的東西，讓寶寶自己拿來吃。

●什錦蔬菜蛋

①將煮熟的雞肉、紅蘿蔔、菠菜等切細。
②打蛋並將切細的肉、蔬菜等放入蛋中，倒入些許的醬油調味，攪拌均勻。比例為:肉及蔬菜各一小匙，高湯一大匙，2/3個蛋。
③在鍋中倒入適量的油，將②的什錦蛋汁倒入鍋中。
④表面煎到稍微變黃變硬即可。

●燉紅蘿蔔

①紅蘿蔔去皮，切成厚度1cm大小的圓狀，再切成梳齒狀，不要使其斷裂。
②將切好的紅蘿蔔放入鍋中，並加入高湯及少量的奶油及砂糖調味。
③蓋上鍋蓋，將紅蘿蔔煮軟並將水分收乾。最後以大火並稍微轉動鍋子，如此可增加紅蘿蔔的色澤。

●斷奶後期的食譜

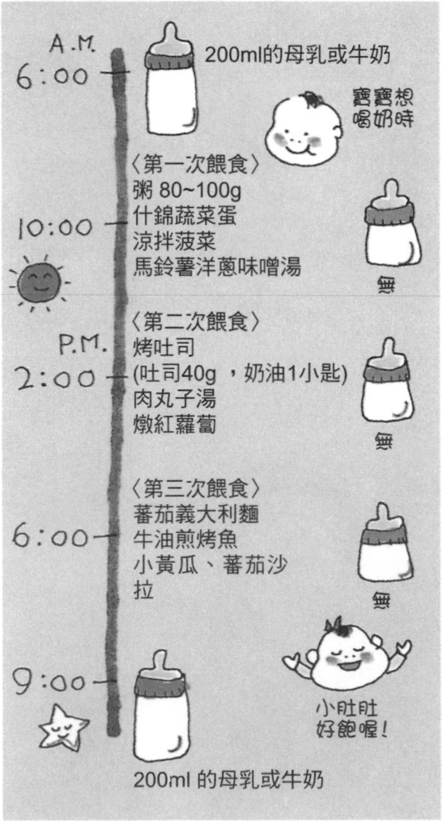

★不要拘泥於某一時間餵食

三餐成為寶寶營養的主要來源

調理的基本型態為切薄、切細。紅蘿蔔、蘿蔔、南瓜等須煮軟的食材採切薄的方式。魚、肉類可烤、炸、煮後，再將其撕細或弄碎。

寶寶的三餐與大人的三餐大多分開處理，注意餵食寶寶的味道不可太重，約大人口味的1/3～1/4左右。

此階段的營養幾乎來自斷奶後的飲食，故應增加食物的種類，調理營養均衡的料理餵食寶寶。進食三餐的寶寶對母乳或牛奶的需求量驟減，大多不須再喝母乳或牛奶。

寶寶的食量因人而異。不須和其他的寶寶做比較。媽媽無須焦慮，依照寶寶的步調進行三餐的餵食。

即使寶寶瘦瘦的，但身體健康茁壯，當媽媽的則無須憂慮緊張。

●斷奶後期的飲食量及標準量

	一次的量	一次的標準量
蛋白質的來源	豆腐 約50g	蛋 1/2個 乳製品(優格) 100g 魚15g(約1/4片) 肉18g
維生素、礦物質的來源	蔬菜＋水果 20g ＋10g ～ 30g＋10g	菠菜葉 2~3棵 紅蘿蔔 小根1/8~1/7 蕃茄 小顆1/4~1/3 草莓 1小粒 蘋果 小顆1/10 柑橘 小顆1/8
熱量的來源	穀類 粥 90~100g	粥 90~100g(小碗9分滿~一碗的量) 軟飯80g (小碗8分滿的量) 吐司25g(吐司六切片裝的1/3片) 乾麵20g
熱量的來源	調味料、 油脂、砂糖 各3g	白砂糖1小匙 油3/4小匙

★此階段寶寶的攝取量因人而異，無須完全遵照本表。

●牛油煎烤魚

①將1/4片的魚肉清洗乾淨，切成適合寶寶吃的大小。
②塗上牛油去腥味，再裹上麵粉。
③放1/3小匙的牛油及1/2小匙的沙拉油於平底鍋中，再將魚片放入用小火烤。
④烤約5~10分鐘左右後翻面，兩面烤到呈焦黃色時即可。
⑤盛在盤中，灑上煮過的西洋芹末。

●肉丸子湯

①雞胸肉15g及一個鵪鶉蛋充分攪拌後，做成一個肉丸子。
②鍋中倒入1.5杯的高湯煮沸，加入肉丸子及3/2小匙的什錦蔬菜(可用市售的什錦蔬菜、罐頭代替)。
③煮熟後，加入些許的醬油及鹽調味。

斷奶

斷奶完成期的飲食

早、中、晚三餐飲食規律正常，且無須再喝牛奶做主食時，表示寶寶已完全斷奶。牛奶一天約喝300～400ml左右。

斷奶的完全期約在寶寶第12～15個月大時。

調理的方法是不失食物的形狀，適合寶寶的大小，食材與大人相同。但高麗菜或萵苣等生菜沙拉不適合寶寶，可用煮或炒的方式烹調。小黃瓜、紅蘿蔔、芹菜可以讓寶寶生吃。過了一歲半之後，因寶寶的下顎及牙齒已發育完成，可讓他多吃硬的東西。

有些喉嚨較爲敏感的寶寶吃到稍微硬一點的東西即會想吐，到了一歲半左右才會有所改善，故以一歲半做爲斷奶完成期的標準。

●斷奶完成期的食譜

A.M.
8:00 — (早餐) 圓麵包一個、牛奶火腿蔬菜湯

10:00 — (點心) 牛奶一杯、水果

12:00 — (午餐) 水煮肉麵線

P.M.
3:00 — (點心) 牛奶一杯 嬰兒鹹餅乾3片

6:00 — (晚餐) 芝麻飯團 花枝炒芹菜 菠菜豆腐湯

9:00 — 牛奶200ml，寶寶不喝也無所謂，因已喝了400ml的牛奶當作點心。

★不要拘泥於某一時間餵食

●花枝炒芹菜

①將花枝剝皮後切成小塊狀，沾上藕粉。份量約20g左右。
②用1/5根的芹菜去掉堅硬的梗後，切成與花枝同樣的大小，紅蘿蔔亦切成相同的塊狀。
③加熱些許的胡麻油，輕輕拌炒花枝，再加入芹菜及紅蘿蔔一起炒，加入些許的醬油調味，取出盛盤。

●牛奶火腿蔬菜湯

①火腿一片，切成1cm大小的角狀。
②高麗菜葉1/2片、洋蔥小顆1/8、紅蘿蔔切成與火腿等大的塊狀。
③將沙拉油倒入鍋中加熱，將火腿及蔬菜拌炒。
④倒入1杯的牛奶，以小火煮到蔬菜變軟且呈濃稠狀。
⑤搭配吐司即成寶寶營養豐富的早餐。

斷奶的時期

停止餵寶寶母奶又稱為斷奶。哺育寶寶母乳是件愉悅的事，但斷奶不順利的個案似乎也不少。

為什麼非斷奶不可呢？例如寶寶週歲後，媽媽出乳量不夠，半夜母子必須起來好幾次，造成母子睡眠不足；有些寶寶已習慣母乳，不適應斷奶後的飲食，身體不健康容易引發貧血。

寶寶一歲半後，智力增長，不容易斷奶，按照母親的出乳量，寶寶約在10個月大左右即可進行斷奶。

約在9個月前後，寶寶若能好好的吃3次斷奶飲食的話，白天媽媽就不必再餵他喝母乳了。

可用牛奶替代母乳，並練習使用杯子喝牛奶，最好不要用奶瓶。如果寶寶不喝牛奶，可經過調理讓寶寶習慣牛奶的味道。如此一來，媽媽即可結束半夜哺乳的工作。

●寶寶斷奶的月齡

（摘自光山小兒科的問卷調查資料）

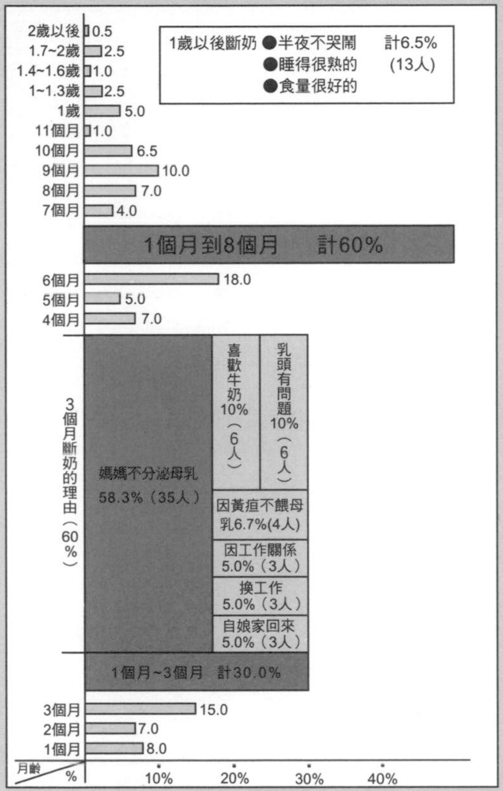

●水煮肉麵線

①用刀背拍過的理肌肉一片，放入有薑及蔥的滾水中稍微川燙後沖冷水，再切成細絲狀。
②薄片的小黃瓜及紅蘿蔔皆切成細絲狀水煮。
③麵線30g(1/3束)，水煮後撈起。
④沖水後瀝乾盛盤。將①的水煮肉和②的小黃瓜及紅蘿蔔絲擺盤中。
⑤高湯1/2杯加入醬油及砂糖各1/2小匙、少許的鹽煮一下，冷卻後將醬汁倒入盤中。

●菠菜豆腐湯

①豆腐1/8塊，瀝乾水分，切成小塊狀。
②菠菜一棵用熱水川燙後，切成適當的大小。
③高湯1/2杯與菠菜及豆腐一起煮，高湯須以3~4倍的水稀釋。

帶寶寶外出飲食須知

市售的斷奶食品比自己做便當更便利

帶寶寶出門或旅行，寶寶在目的地的飲食該如何解決呢？

可自己做便當，但是粥類會將水分吸乾，風味盡失。梅雨季到9月份這段期間食物容易壞掉，帶便當也不是理想的方法。故市售的嬰兒食品是不錯的選擇。

寶寶的嬰兒速食攜帶容易，要吃的時候，以熱水沖泡即可。而體積小、重量輕，深受媽媽們的青睞。且種類多樣。湯匙用完即丟。

布丁、優格所附的紙湯匙使用方便。寶寶咬紙湯匙比冰淇淋所附的木製湯匙來得安全，即使寶寶啃咬也無所謂，因為是紙製的，不銹鋼製的湯匙則會弄傷寶寶，故使用時要特別小心注意。

若量多，媽媽一定要自製便當的話，不妨在飯或菜上加一些醋，或放少鹽的酸梅讓食物不易腐壞。魚鬆或肉鬆外出前，請再用大火炒過。

帶寶寶去家庭式餐廳用餐的機會亦不少。有些位在百貨公司中的餐廳備有寶寶的餐飲，一般的餐廳不提供初期的嬰兒餐，勉強會有適合中、後期寶寶的餐飲。

但餐廳的調味比較重，湯品稀釋後再給寶寶喝，炒飯或燴飯等炒類的食物較不適合，因油放得多，寶寶吃了容易腹瀉。茶碗蒸或奶油魚片可以給寶寶吃。

●外食、嬰兒速食、加工食品的使用頻率(1～3歲)

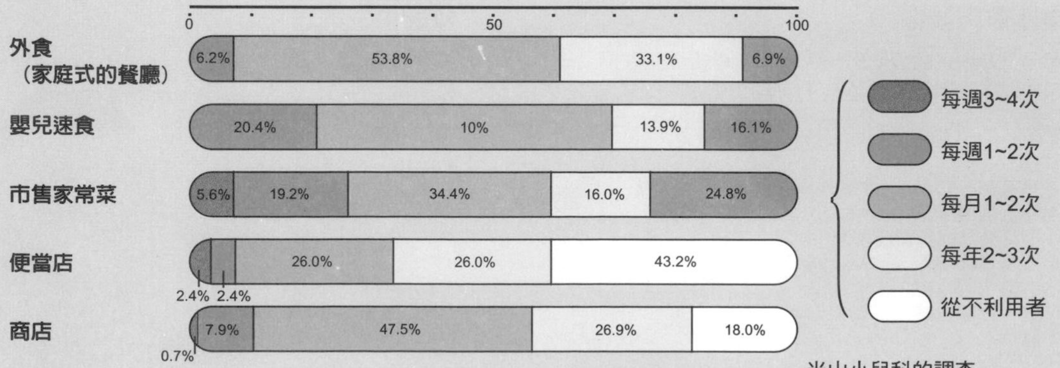

光山小兒科的調查

第三部

呵護寶寶的每一天

沐浴

從寶寶的浴盆開始

每天洗澡

因寶寶的新陳代謝旺盛，且容易流汗，一天排泄好幾次，弄髒尿布等等。若寶寶的肌膚不乾淨，容易引起汗疹、濕疹、尿布疹等皮膚病。

故每天至少洗澡一次，保持身體的清潔。剛開始很多媽媽畏懼幫寶寶洗澡，但只要懂得訣竅，媽媽可獨自幫寶寶洗澡。

使用嬰兒浴盆幫1～2個月大的寶寶洗澡。由於寶寶的頭頸部尚未堅挺，且對細菌的抵抗力弱，故請準備寶寶專用的浴盆。同時準備好各種沐浴用品。

●事先必備的沐浴用品

①嬰兒用的浴盆。②溫度計。③嬰兒專用的肥皂(固體)
④水瓢(舀熱水用)。⑤洗澡用的毛巾
⑥紗布製的小方巾3條。⑦浴巾2~3條
⑧塑膠墊。⑨梳子。⑩體重計

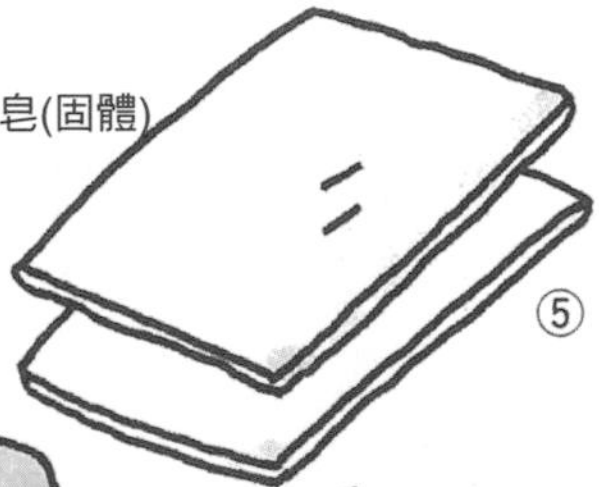

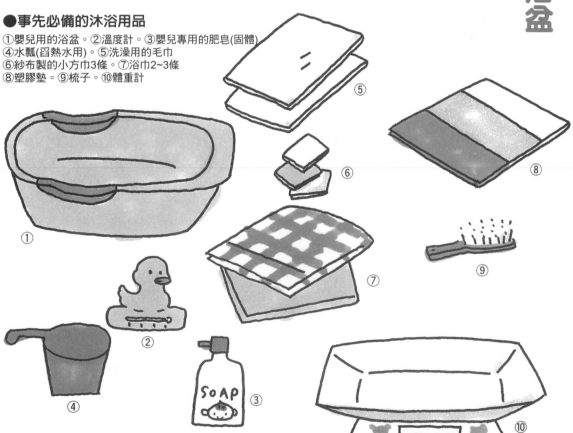

寶寶洗澡時，室溫須暖和

儘可能在白天幫寶寶洗澡。秋冬季節，一到傍晚，室內的溫度驟降。由於寶寶還小且抵抗力弱，儘量在暖和的時間幫他洗澡。且寶寶洗澡時是觀察他身體的絕佳時刻，在白天洗澡，光線明亮，較易觀察到異狀。

很多家庭幫寶寶洗澡是爸爸的工作，若在晚上洗澡，室內一定要暖和。由於爸爸的手比媽媽大，能不費力的支撐住寶寶，且可增進父子間的親情。晚間寶寶洗完澡後，容易入睡是好處之一。

晚間幫寶寶洗澡時，室溫要保持在20℃左右，洗澡水的溫度夏天約38℃，冬天則爲39℃，體溫高的寶寶不喜歡洗澡水太熱。

洗澡的時間約5～6分鐘。對寶寶而言洗澡是一項重勞動的活動，寶寶洗澡的目的，不是使身體暖和，而是清洗身體的污垢，故幫寶寶洗澡的守則爲敏捷、迅速、確實。

洗澡水的溫度38℃(夏天)~39℃(冬天)。冷水約18公升，熱水約6公升左右，並用溫度計確認水溫。

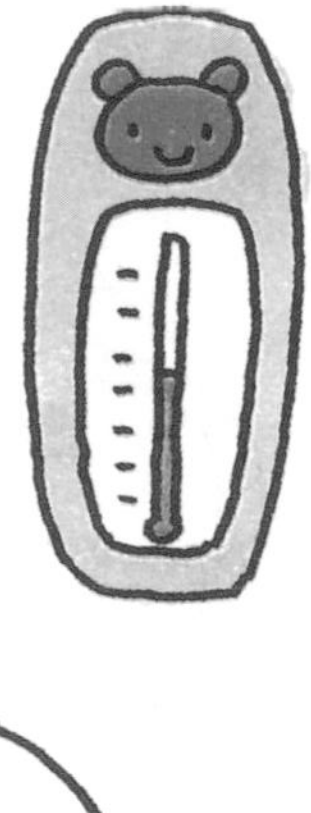

室溫保持在20℃左右。必備溫度計。冬天寶寶洗澡時，一定要開暖氣。

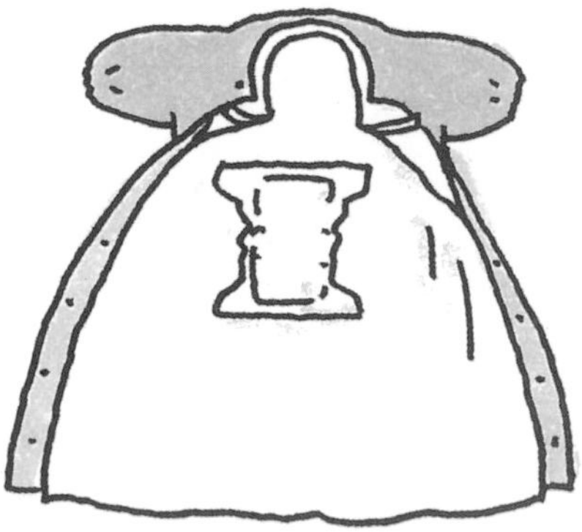

事先放一套衣服在座墊上。並將浴巾等放在衣服上，可以快速的擦乾寶寶的身體並穿上衣服。

媽媽的裝備也非常重要。把長長的頭髮綁好，用肥皂洗手並且要用刷子將指甲刷乾淨。

寶寶沐浴的方式

最簡單的方法是在浴盆外沖洗

寶寶的頭頸部還軟綿綿的，要把他放入浴盆中，心中油然升起一股膽怯，故在此教各位媽媽幫寶寶洗澡最簡單的方法。

剛開始時，洗的順序多少有些不同，不必管從何處開始洗起。最重要的是，媽媽儘可能保持鎮靜不要慌亂。抹肥皂的時候，若媽媽的手容易打滑，最好習慣不抹肥皂，單用手把寶寶洗乾淨即可。

幫寶寶洗澡的重點在於：不要脫衣服，先幫寶寶洗頭、洗臉。且在浴盆外，先將寶寶的身體沖洗乾淨。

若照本宣科的幫寶寶洗澡，想必媽媽一定緊張得不得了。這股緊張不安的情緒會傳遞給寶寶，他會哇哇大哭。故最重要的是按照上述簡單的方法，媽媽面帶微笑的幫寶寶洗澡，如此媽媽即可克服恐懼，寶寶也會喜歡洗澡。

準備2個臉盆，一個事先裝好洗臉及洗頭髮用的溫水，另一個裝著稍微熱的水，舀來加在浴盆之中用。媽媽及寶寶深怕會被裝著熱水的熱水瓶或水壺燙到，加熱水的工作最好委由奶奶或爸爸來做。

①不脫掉寶寶的衣服，將寶寶放在浴巾上，幫他洗臉。用扭乾的熱紗布先擦眼睛的部位，由眼頭擦到眼尾。然後再擦拭全臉。

②紗布捲在手指上並沾熱水，擦拭清潔耳朵，耳朵後面也要擦乾淨。耳朵的清潔容易被忽略，如果忘了，洗完澡後再擦拭耳朵亦無妨。

③洗完臉後接著洗頭。左手的手掌托住寶寶的頭部，要領是用左腋夾抱著寶寶，左手的拇指及中指分別壓住兩邊的耳朵。

④用紗布沾熱水將頭髮弄溼，再抹上肥皂，注意不可讓肥皂泡沫掉到寶寶的眼睛裏，再用熱水沖掉泡沫後，將寶寶放在浴巾上，將頭髮擦乾。

⑤脫掉寶寶的衣服，將身體浸在熱水中，若用洗澡巾包著，寶寶比較不會害怕。將澡巾放在浴盆裏，讓寶寶在澡巾上洗澡。

⑥雙手抹肥皂且起泡沫，將全身上下洗乾淨。脖子、股溝、腋下等每個地方都要用指腹將其清洗乾淨。背部用手來回清洗乾淨。

⑦洗好後將寶寶放在熱水中。用澡巾包裹著，用左手支撐著他的頭部，右手托住臀部。

⑧左手托住頭部，右手將肥皂沖掉。用澡巾將身體擦拭清洗乾淨，用手來回的搓洗寶寶的背部。

⑨從浴盆中抱起寶寶，完成洗澡的工作，並將他放在毛巾被上，以輕按的方式將水擦乾。頸部、股溝等處的水要仔細的擦乾。

沐浴

我家洗澡的時間與眾不同

寶寶不用嬰兒用的浴盆洗澡後，可以和媽媽等大人一起洗。不必另外再準備浴盆用的洗澡水，總之是1對1的，這回媽媽洗澡時，寶寶便要從浴缸中起來囉！

在此介紹母子快樂沐浴的方法，讓媽媽有充足的時間來照顧寶寶。

●事先將浴室內、外等處的室溫弄暖

在嚴寒的冬季，連浴室也冷颼颼的，突然將寶寶脫光衣服帶到浴室內，想必他會顫抖不已。熱水注入浴缸後，熱蒸氣可讓浴室暖和一些，浴室外亦事先用電暖器讓空氣稍微暖和些。

●鋪上 2 條浴巾

事先準備好2條浴巾，重疊鋪成十字形。擦拭洗好澡的寶寶，2條浴巾比1條浴巾好用且快。全身擦乾後，可防止洗澡後身體變冷。

●利用白天暖和的時段洗頭髮

和寶寶一起洗頭，媽媽會手忙腳亂。如果爸爸在家的話，寶寶洗好後，爸爸可以看顧寶寶，媽媽才能從容的洗頭…，若爸爸不在家，媽媽只能利用白天寶寶睡覺時，才可悠哉的洗頭。

●將寶寶放在浴室門口，一邊哄他一邊洗澡

媽媽洗澡時，可將寶寶放在浴室門口。媽媽或寶寶可以先洗澡。在洗衣籃放置座墊，鋪上乾淨的毛巾被，再把寶寶放在上面。可打開浴室的門，以便看護寶寶並和他說說話。

●媽媽快速披上浴袍

寶寶洗好澡後→擦乾寶寶→幫他穿上衣服…，媽媽洗好澡先披上浴袍，待將寶寶衣服穿好後，再整理自身的儀容，冬季即使媽媽快速的幫寶寶打理好了之後，媽媽身體很快地會覺得冷。故應儘快披上浴袍或包裹毛巾被以保暖。

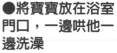

●母子共浴的要領

寶寶的頸部尚未堅挺，故要以手腕好好的抱著他，或讓他躺在乾淨的厚墊上洗澡。

頸部堅挺後，寶寶不喜歡媽媽斜抱的話，可讓寶寶與媽媽面對面的坐在媽媽的腿上。因爸爸的腿比較粗，坐在其上寶寶更有安全感。

爸爸在育兒活動中最常扮演的4項角色

1. 寶寶遊戲的對象
2. 一起洗澡的對象
3. 餵奶餵飯的工作
4. 換尿布

其他較少做的是…

○ 哄寶寶睡覺
○ 帶寶寶去散步
○ 幫寶寶剪指甲、照顧寶寶、揹寶寶等
○ 洗衣服、掃地、購物等家務事
○ 教養小孩

主婦之友社的調查

寶寶的頭頸部堅挺後，可讓寶寶坐在浴盆內洗澡。浴盆最好有防滑的設計，較為安全。

若寶寶會扶著東西站起來的話，可以讓他站著洗澡。注意不要讓他滑倒。

寶寶若討厭洗頭，可使用嬰兒專用的浴帽，如此一來，媽媽洗起來輕鬆便利。

清潔牙齒的準備期

乳齒的蛀牙會影響永久齒

雖然蛀牙是單向的，一旦有了蛀牙，無法自然治癒。如果認爲會換牙而無關緊要的話，有這種想法的媽媽可眞是大錯特錯了。剛長出的乳齒，在其齒根部永久齒正在發育。故蛀牙不單只是乳齒的問題，也會連帶的影響到永久齒。

若乳齒蛀得很厲害，會滲透到齒根，損傷永久齒的表面，更嚴重會使上下顎無法咬合或咬合不正。永久齒變大後，乳齒自然掉落，爲使永久齒健康，首要條件是乳齒要健康。若蛀牙嚴重，會迫使永久齒長歪，是咬合不正的原因。

長牙前即應保健

在長牙前，媽媽可以用手在寶寶口中檢查一下。長牙前摸牙齦，即可感覺到「牙齒快長出來了」。

讓寶寶躺在床上或與媽媽面對面的坐在媽媽的腿上，將他的頭仰高，媽媽的手要用肥皀徹底清洗乾淨並剪短指甲，將手伸入寶寶的口中輕輕的摸牙床。

從寶寶小的時候即開始檢查他的口腔，讓他早一點習慣和適應，等到他長牙時，媽媽才能順利將手伸進寶寶的口中清潔他的牙齒。

長牙的順序

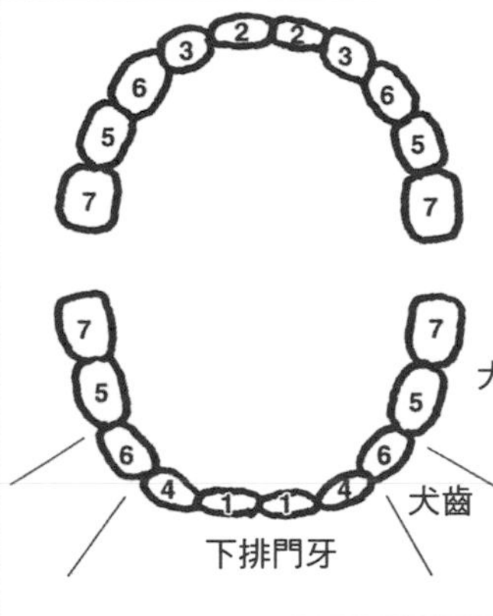

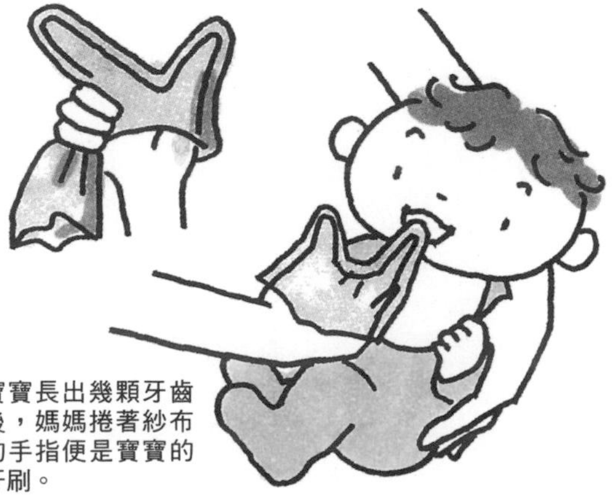

寶寶長出幾顆牙齒後，媽媽捲著紗布的手指便是寶寶的牙刷。

長牙之後

寶寶長出數顆牙齒後，媽媽將消毒過的紗布捲在拇指及食指上，沾上少量的白開水，好像要摘牙齒般地輕輕的擦拭乳齒，不可用力擦且注意不要傷及牙床。

媽媽會擔心寶寶的齒縫太大或上排牙齒向內長歪，通常會隨著牙齒的增長排列整齊，故無須煩惱。

身體的清潔與保健

斷奶期牙齒的清潔

寶寶的牙齒上、下各長出4顆後，即可開始練習使用牙刷。讓寶寶坐在媽媽的腿上，背對著媽媽躺下，這種姿勢可讓媽媽看清楚寶寶的口腔，也方便媽媽使用牙刷。

好像拿筆一般，輕輕地拿著牙刷，不可太用力刷，會讓寶寶感覺到痛或使牙齦受傷，如此一來寶寶會討厭刷牙。

在容易堆積齒垢的齒根，以劃小圈圈的方式來刷，但牙齒與牙齒間，則用上下垂直的方式來刷。

大臼齒長出後，上排的大臼齒及下排的大臼齒容易堆積齒垢，必須仔細刷乾淨。要養成一顆一顆刷的習慣。

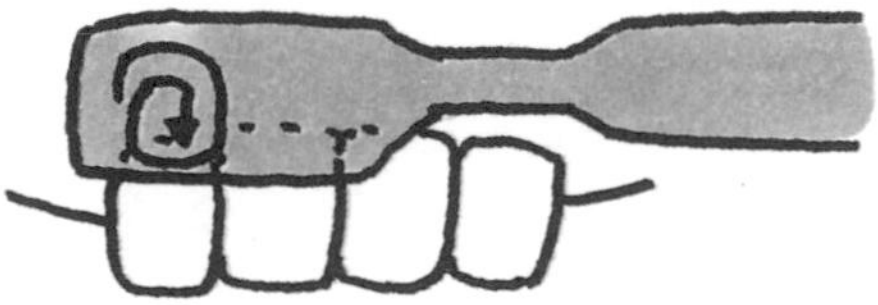

牙齦的地方以劃小圈圈的方式來刷。

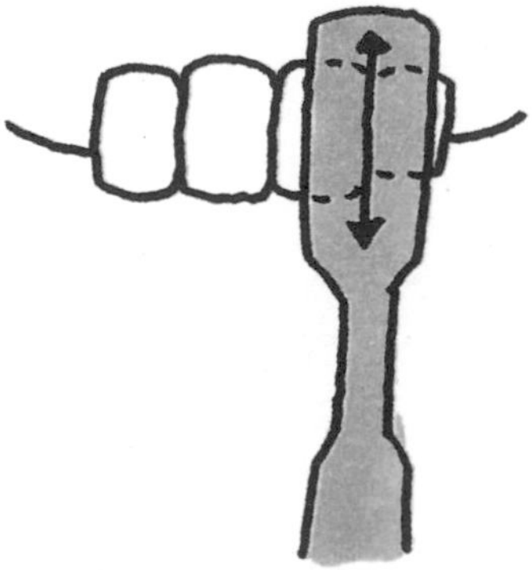

好像使用牙籤的方式來刷齒縫。

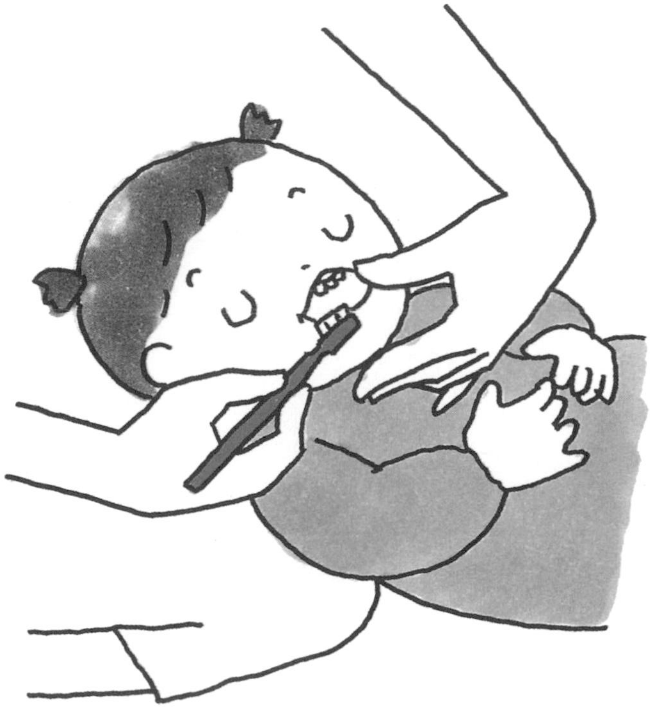

注意不要傷到牙齦，刷毛與牙齒垂直，停留在一顆牙齒上，上、下刷動。

幼兒期牙齒的清潔

養成刷牙的習慣

幼兒期之前，清潔寶寶的牙齒是媽媽的任務。牙齒長好了之後，請給寶寶一支牙刷，但他自己還不會刷牙。

此時期，讓寶寶坐在媽媽的腿上並背對著媽媽，將他的臉抬高，一邊和他說話一邊幫他刷牙。

不要對他說諸如此類的話：「不刷牙的話，會長蛀牙」，應該跟他說：「刷牙後，嘴巴變乾淨了，心情也變好了」、「牙齒好快樂喔！因爲他們是乾淨的寶寶」。

刷牙的重點：咬合、齒縫、牙齦，請輕輕的刷牙。若不能每餐飯後都刷牙，至少要養成睡前刷牙的習慣。

刷門牙的方法

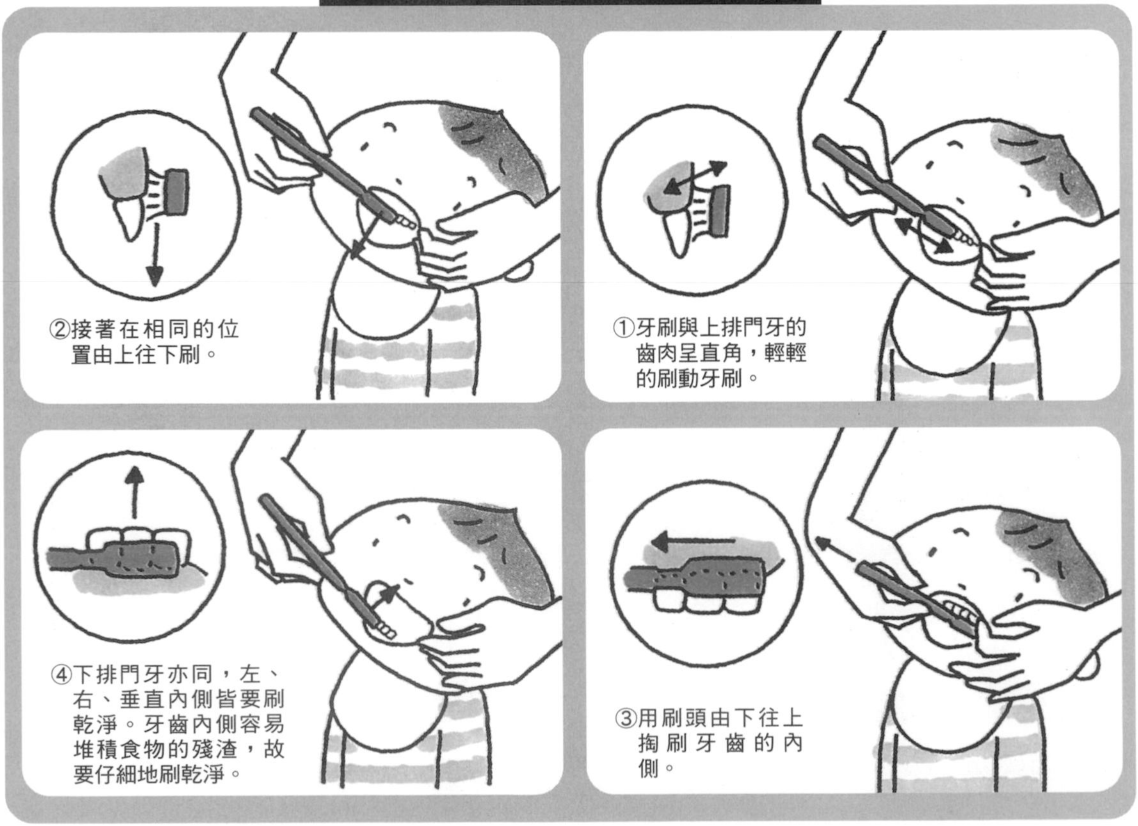
①牙刷與上排門牙的齒肉呈直角，輕輕的刷動牙刷。
②接著在相同的位置由上往下刷。
③用刷頭由下往上掏刷牙齒的內側。
④下排門牙亦同，左、右、垂直內側皆要刷乾淨。牙齒內側容易堆積食物的殘渣，故要仔細地刷乾淨。

刷大臼齒的方法

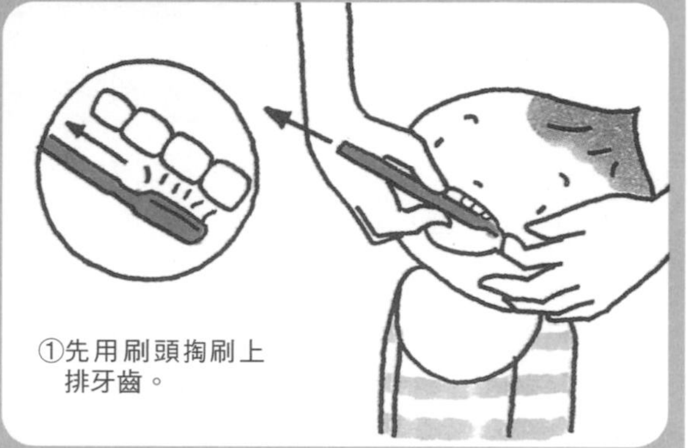

①先用刷頭掏刷上排牙齒。

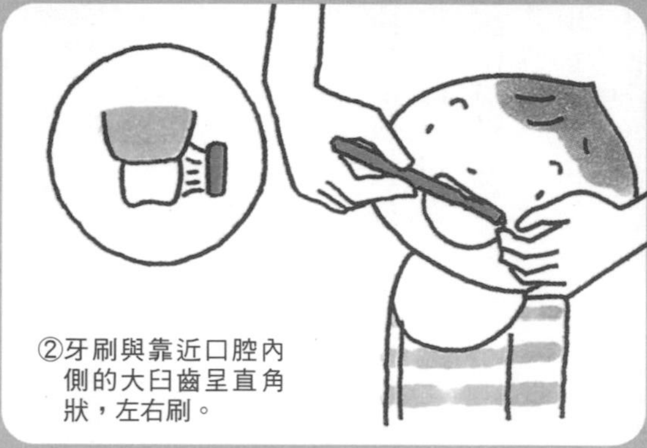

②牙刷與靠近口腔內側的大臼齒呈直角狀，左右刷。

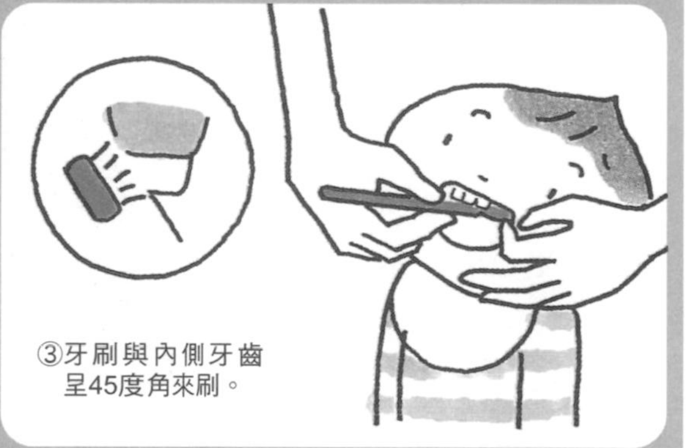

③牙刷與內側牙齒呈45度角來刷。

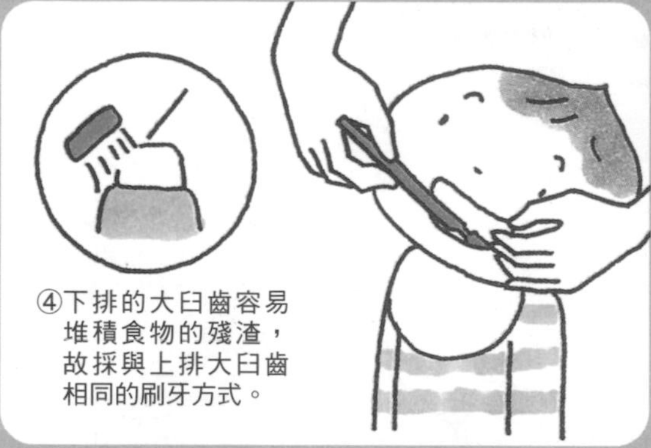

④下排的大臼齒容易堆積食物的殘渣，故採與上排大臼齒相同的刷牙方式。

清潔寶寶的耳朵

每天都要清潔耳朵。幫剛出生的寶寶清潔耳朵會感到可怕。由於耳垢會從內耳自動掉出，故不可用棉花棒掏挖耳垢。

耳朵的外部及入口處，洗澡的時候，即可順便清洗乾淨。

幫寶寶清潔耳朵時，要以安全的姿勢為最高的原則。一隻手輕壓著寶寶的頭，寶寶睡覺時是幫他清潔耳朵的好時機。

①耳螺容易藏污納垢，可用紗布捲在手指上，一邊輕壓一邊清潔。

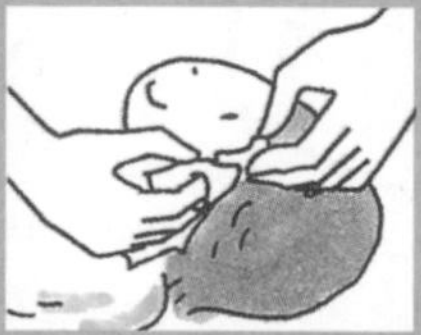

②耳朵的污垢容易清潔，用毛巾抹上肥皂擦拭，再用濕毛巾擦淨即可。

幫寶寶剪指甲

即使是剛出生的寶寶，指甲都已長長了。指甲的生長狀態，據說亦爲判斷胎兒是發育成熟後才出生的證據。

寶寶的指甲，出乎意料的薄且銳利。不知不覺間會弄傷自己的臉部，大人看了有時會嚇一跳。

經常檢查寶寶的指甲，發現長了，要幫他剪一剪。剛開始幫寶寶剪指甲即讓他感到不舒服的話，之後就很麻煩了，故要小心的幫他剪指甲。

2～3個月大的寶寶，用刀尖呈圓形的安全剪刀來剪指甲。

讓寶寶躺著，媽媽坐著與他平行。或是讓寶寶背對著坐在媽媽的腿上，讓他的身體不要亂動，再幫他剪指甲。

一邊和他說話，讓他放鬆心情，再逐一剪他的指甲。順著指甲邊，一口氣剪成圓弧狀。

不可將寶寶的指甲剪得太深。若無法一次剪完，也無所謂，因爲常常要幫寶寶剪指甲。寶寶洗完澡後，指甲比較軟，此時較易修剪。

媽媽用雙腳夾住寶寶，抱著他剪指甲，這樣寶寶的身體比較不會亂動，再一根根的剪他的指甲，從指甲邊剪起。

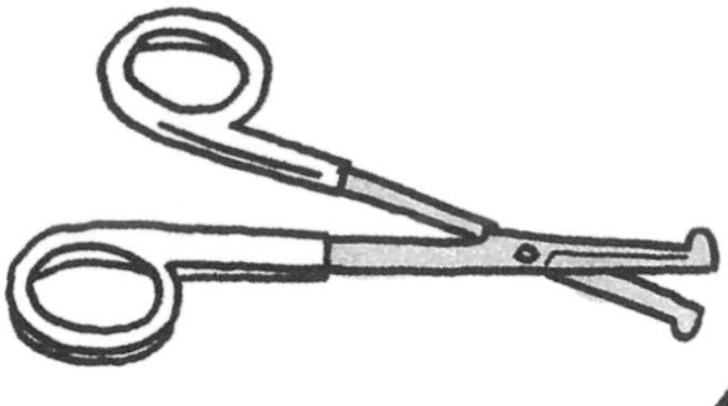

建議使用嬰兒專用的安全剪刀，因刀尖呈圓形且較薄，容易操作使用。

身體的清潔與保健

幫寶寶剪頭髮

媽媽雖然想幫寶寶剪頭髮，但深怕無法掌控寶寶而心生畏懼。媽媽先設定好要將寶寶剪何種髮型，則成功的機率極高。

剪髮的重點不外乎前髮、耳際、髮根等3部份，腦中事先想好這3部份要修剪至何種程度，即使是笨手笨腳的媽媽，也能將寶寶剪一頭清爽的頭髮。

剪髮前的準備

剪掉的頭髮會散落一地，爲了讓媽媽安心的剪髮，可事先在地上鋪上報紙或塑膠墊子，這樣也比較好收拾、整理。

寶寶剪髮時所圍的圍罩最好採用尼龍材質，可將圍罩用「魔鬼膠」沾粘或用曬衣夾夾著，罩住寶寶的全身。

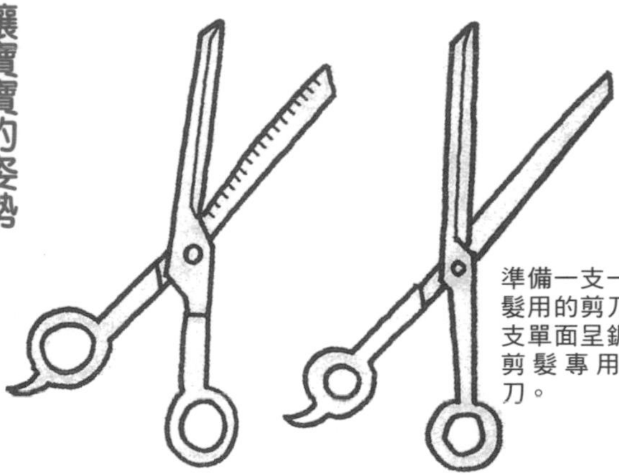

準備一支一般剪髮用的剪刀及一支單面呈鋸齒狀剪髮專用的剪刀。

讓寶寶的姿勢保持不動

寶寶亂動的話，媽媽便會手忙腳亂，無法好好的幫他剪頭髮。最好的方式即是讓寶寶看他最喜歡的電視節目，故兒童節目的時段即爲剪髮的最佳時刻。其次可請爸爸、爺爺、奶奶等人唸故事書給寶寶聽。

生性好動的寶寶，可利用他剛熟睡時，以枕頭或座墊讓他靠坐著，媽媽要以飛快的速度幫他剪頭髮。

寶寶適合剪香菇頭。前髮剪成弓形的波浪狀順勢至耳際，髮根則剪成倒弓的形狀，事先在額頭上貼上透明膠帶，那麼根本不會失敗。

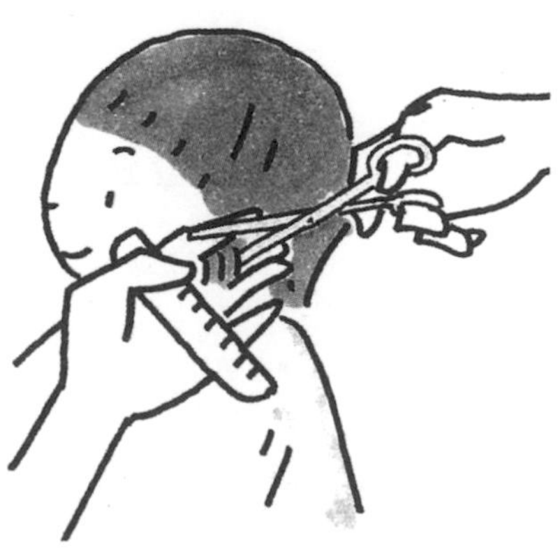

在剪耳際或髮根部位時，即使寶寶亂動也無所謂，媽媽可以用手保護，不讓剪刀弄傷寶寶的肌膚。

紙尿褲

剛出生的寶寶，每次喝奶後，就會尿尿或大便。選擇適合寶寶的尿布，且勤換尿布。

不必清洗、曬乾的紙尿褲，可替媽媽省下大量的時間。現在幾乎所有的媽媽都使用紙尿褲。

●新生兒平均每天使用10片尿布

●利用試用品來測試是否適合寶寶的體形或肌膚

紙尿褲乍看之下，看不出其不同之處，但尺寸、材質、功能等皆有些不同。藉試用品或和朋友交換尿布等方式，以篩選出適合寶寶體形或肌膚的紙尿褲。

●可調節左右兩側的膠帶，以配合寶寶的腰圍

兩側的膠帶黏在尿布的表面，由於膠帶的材質柔軟，撕起時沒有聲音，寶寶睡覺時可直接換尿布，不影響寶寶的睡眠。

●立體防漏護邊的設計，防漏更徹底

適合腿窩的立體防漏護邊，因每個品牌的設計不同，有些紙尿褲有腿部防漏護邊或腰部防漏護邊等，總之應選擇適合寶寶身形的紙尿布。

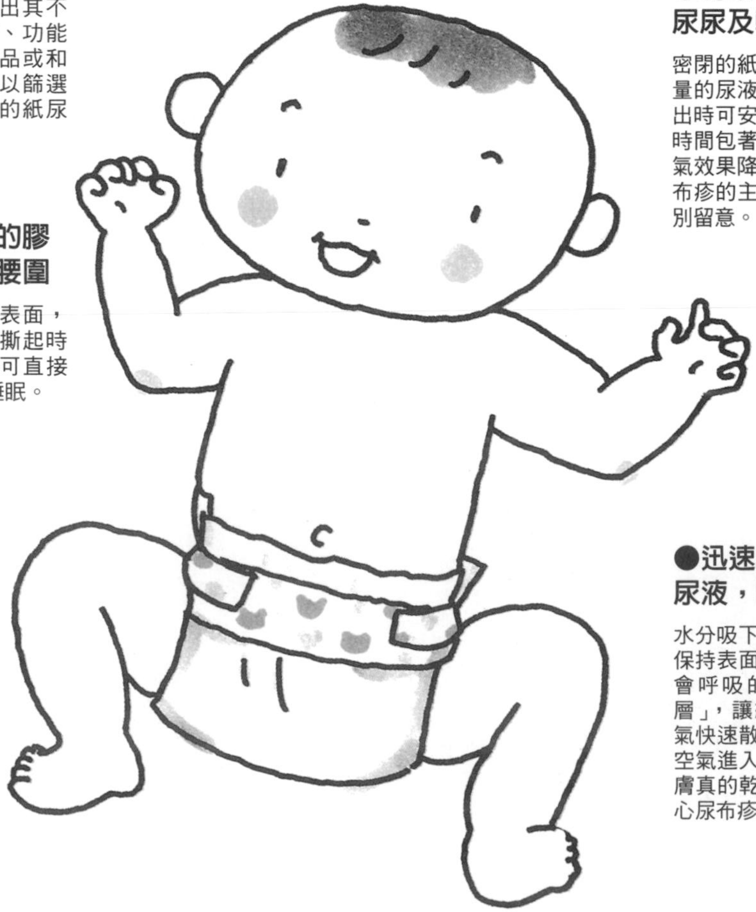

●有效吸收大量的尿尿及軟便

密閉的紙尿褲能吸收大量的尿液，故夜間或外出時可安心使用。若長時間包著紙尿布，其透氣效果降低，是引發尿布疹的主因，媽媽要特別留意。

●迅速吸收大量的尿液，防止逆流

水分吸下去上不來，能保持表面的乾爽。選擇會呼吸的「高透氣外層」，讓紙尿褲內的熱氣快速散發，也讓新鮮空氣進入，使寶寶的肌膚真的乾乾的，不用擔心尿布疹。

處理使用過的紙尿褲的方法

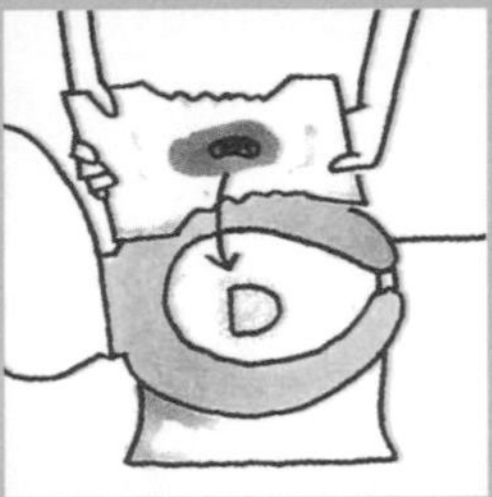

不可將有大便的紙尿褲直接丟掉。須將固狀的大便丟入馬桶沖掉。

↓

清除了大便之後，捲起紙尿褲，尿濕的紙尿褲也是用捲的方式處理。

↓

再把側黏膠粘在表面固定，為減少垃圾量，儘量處理好再丟掉。

↓

紙尿褲按各區公所的規定不同，分屬於可燃物或不可燃物。故請配合所在地的規定來處理用過的紙尿褲。

媽媽的好幫手

有蓋的垃圾桶

不弄髒媽媽的手，只要輕輕用腳踩一下，即能不費吹灰之力的打開蓋子。且內蓋裝有除臭劑具有除臭的功能。

紙尿布專用的密閉式垃圾桶

處理骯髒的紙尿布讓媽媽頭痛不已。須堆放到倒垃圾的日子，故垃圾桶須用密閉式。密閉式的垃圾桶可放在廚房或寶寶房間。

濕紙巾

寶寶的小屁屁周圍要仔細地用濕紙巾擦拭乾淨，也可以用紗布沾熱水清洗，洗乾淨後，擦乾再包上尿布。

●更換紙尿褲尺寸的時期

很多媽媽趁打折或特價時，大量囤積紙尿褲。但是寶寶的成長快速，新生兒用的尺寸一下子就太小不能穿了，生產前，只要事先準備一或二包新生兒用的紙尿褲即夠用。

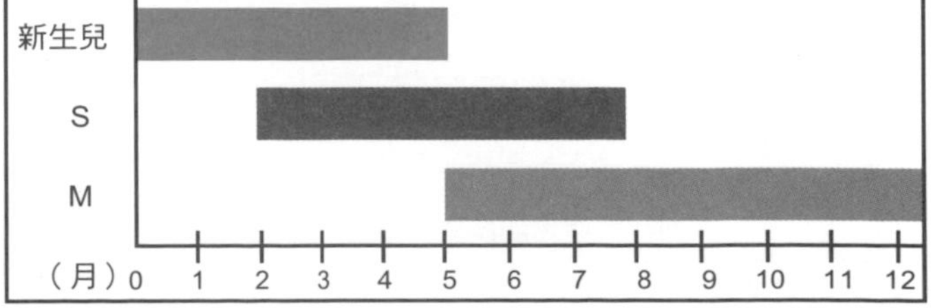

布尿布

以環保的角度來看，布尿布不會增加垃圾量，值得重新評估使用的價值。但是100％的純布料，其清洗的工作對媽媽而言，是一項沉重的負擔。寶寶夜間睡覺後，媽媽好不容易才能喘口氣，因此多數人選擇使用紙尿褲。

生產前，可先準備20件的布尿布及3件褲式的布尿布。

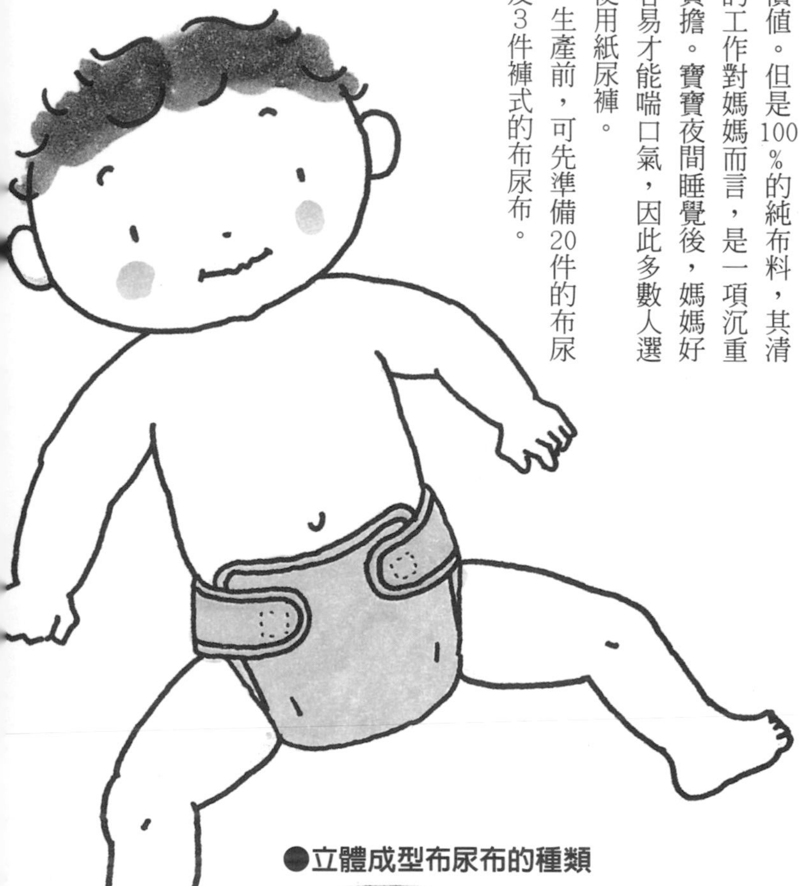

●布尿布的種類

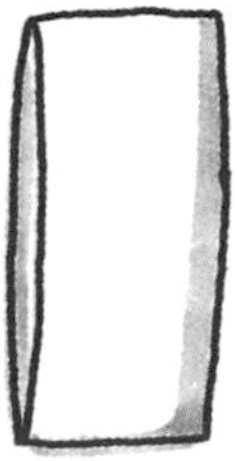

圓輪形的布尿布

傳統式的布尿布，用30cm左右的布縫合成圓輪狀。市售手工製的布尿布其縫合處較不明顯，易摺疊。

立體成型的布尿布

立體剪裁縫製的褲型布尿布，直接穿上即可，不須包來包去，清洗曬乾不佔空間，缺點是太厚不容易快乾。

●立體成型布尿布的種類

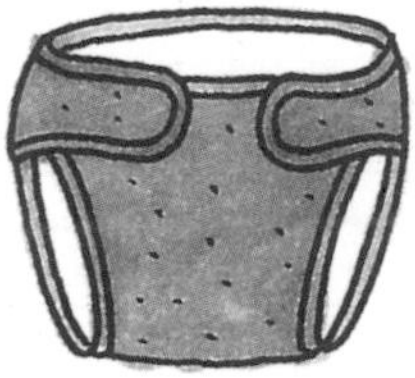

毛織

防止寶寶尿布疹的關鍵在於尿布透氣性的好壞。根據此目的，毛織的布尿布最適合肌膚嬌嫩的新生兒使用，除了透氣性佳之外，其缺點易漏、防水性差。近來毛織材質的布尿布已加強其防漏的功能。

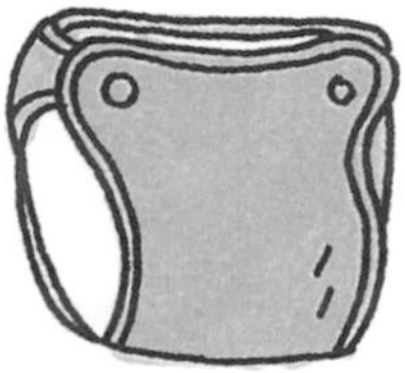

聚乙烯

防漏最佳的化纖材質，經特殊加工，已提高其透氣的功能，目前已推出「不漏、不悶」的全方位防護的產品。優點：洗後快乾。

棉織

棉製布尿布因透氣性高，觸感佳，極受歡迎。特別建議在夏季出生的嬰兒使用此種布尿布，其上印有圖案等等，可依觸感等來選用。也有適合敏感性肌膚專用的布尿布。讓媽媽的選擇更具多樣化。

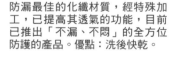

●洗濯布尿布的方法

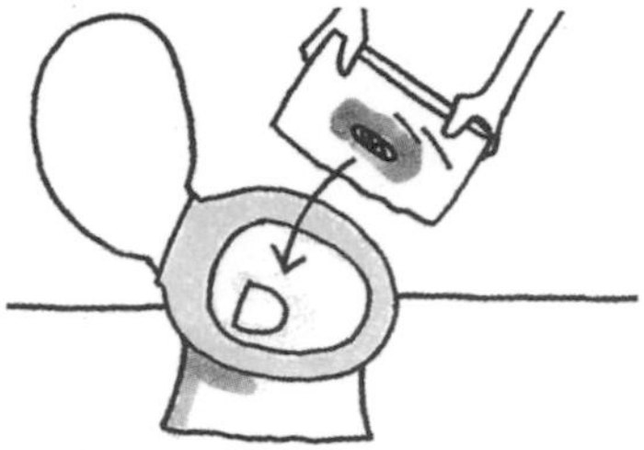

先將大便丟進馬桶沖掉。再用水沖洗。

↓

倒入布尿布專用的洗劑。

↓

集合一天的份量用洗衣機洗。須徹底將洗劑沖洗掉。

↓

日曬布尿布具有殺菌的功效。下雨天則可用熨斗燙。

媽媽的好幫手

布尿布專用的洗劑

將布尿布浸泡洗劑後，集中用洗衣機清洗。布尿布專用的洗劑可徹底除掉大腸菌，且不刺激敏感性寶寶嬌嫩的肌膚。

尿布墊

以特殊紙質製成，輕薄不佔空間，墊在布尿布上，可輕易的除去大便等穢物。可減少弄髒或損傷布尿布。清洗後可重複使用，目前市售也有用布製成的。

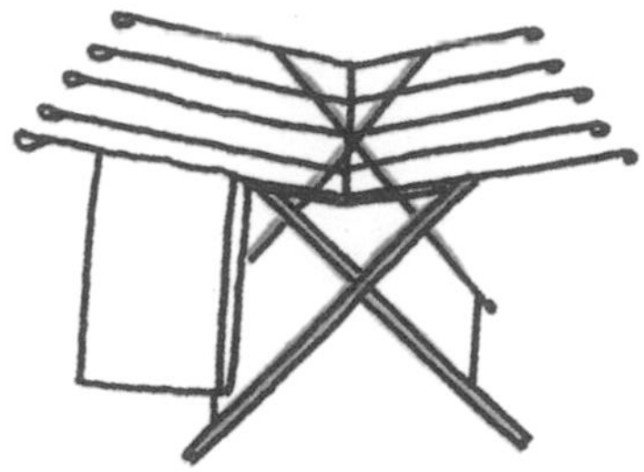

曬尿布架

可以用一般的曬衣架來曬布尿布。若件數多且尿布又寬又長時，沒有空間一次曬的時候，專用的曬尿布架是不錯的選擇，應選用可折疊收納的。

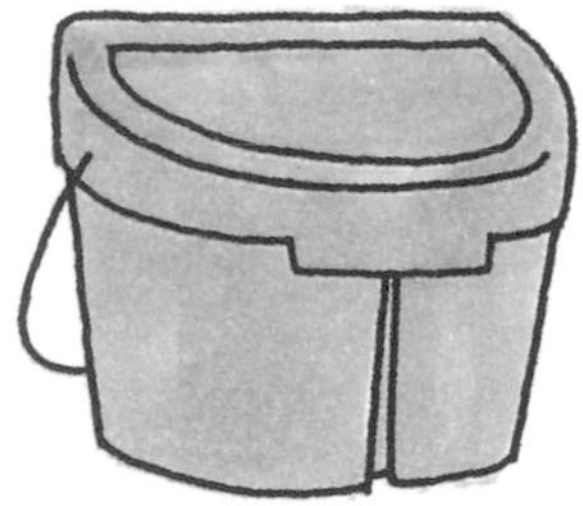

布尿布專用桶

把髒的布尿布集中放在固定的桶子裏。使用2個小桶子，分別放尿溼與大便的布尿布。

●摺疊圓輪形尿布的方法

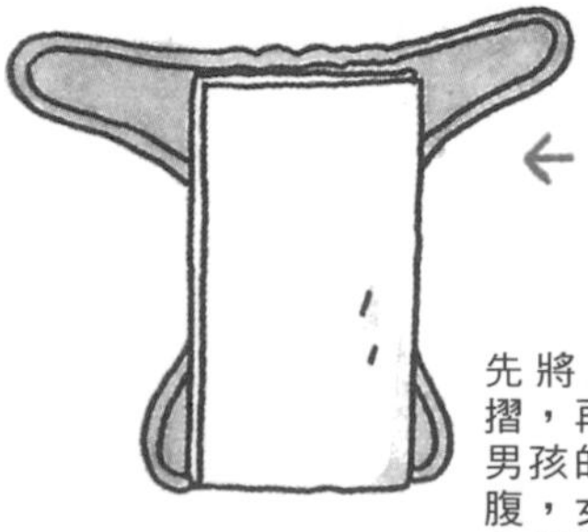

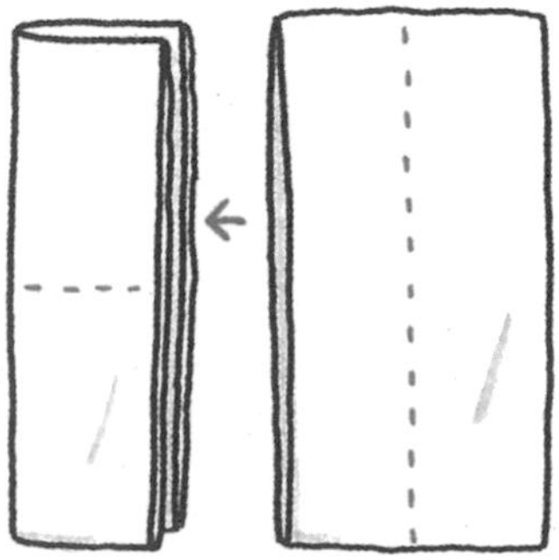

先將尿布垂直對摺，再橫向對摺。男孩的尿布摺向側腹，女孩的尿布摺向側背，可防止外漏。

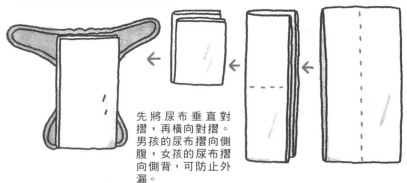

看護寶寶

寶寶的穿衣方式

新生兒期

出生不到1個月的嬰兒，自身的體溫調節功能還未發展完成。此時要以保溫的作用，來幫嬰兒穿上適切的衣服。滿週歲後能外出時，應以嬰兒穿衣服的感覺爲主，來幫寶寶穿外出服。

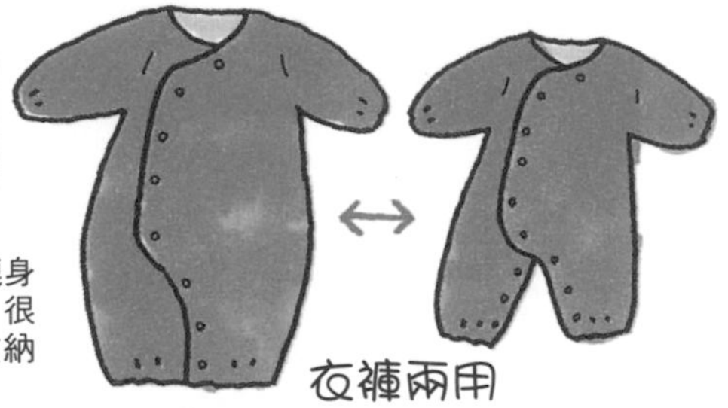

基本上是短內衣+長外衣。近來流行連身的褲裝，用暗釦來扣，非常的方便，很受歡迎。不妨礙寶寶腳部的活動，收納時可用捲的，不佔空間相當便利。

春秋

6個月之前的穿衣方式

寶寶3個月大時，除了睡覺外，他的活動量已非常大。讓他穿得比大人少一點。

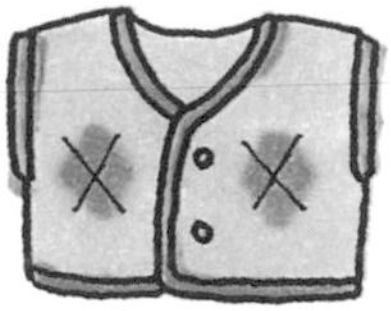

穿短袖內衣再加一件連身的長袖褲裝即可。若穿長袖的內衣褲則不須再穿長褲。連身的褲裝搭配T恤或襯衫。天冷時可再加上一件外套。晚上睡覺時，脫掉內衣換上睡衣。

夏

寶寶很容易流汗，事先準備幾件易吸汗的純棉衣服，以利經常更換。若開冷氣，室內與室外的溫差極大，大人也要特別注意。

初夏可穿連身的套裝或嬰兒洋裝。大腿部份是暗釦的設計，方便更換尿布。在夏季寶寶最適合穿著無袖的襯衫。故不妨多準備幾件。

冬

在家穿內衣、連身的套裝，再加上一件保暖的背心即可。外出時穿冬季的套裝，再加上斗篷外套。不要忘了戴帽子。

注意育兒方針：不要穿太多。 進入秋季，寶寶對於穿衣已漸漸的習慣。如何判斷穿得過多：用手伸到寶寶的背部，若有汗濕的現象，則表示穿的太多了。幫他脫掉一件衣服吧!

寢具

棉被及嬰兒床

讓寶寶睡嬰兒床最理想。如果家裏空間大，那麼不妨讓寶寶睡嬰兒床。選購嬰兒床要堅固，並具有防止寶寶掉落的高約55～60cm以上的欄杆，且欄杆的間隔在8.5cm以下，以防寶寶的頭卡在欄杆間。選擇較硬的床墊，因對寶寶的背骨成長發育有莫大的助益。

嬰兒床的好處

因床的高度夠高，能保持清潔。可直接在嬰兒床上幫寶寶輕鬆的換尿布。床下可收納物品。床墊等通風透氣，使寶寶流汗或尿濕後，不易有汗臭或尿騷味，將床板拿走後，可成為寶寶遊戲的空間。

嬰兒床的缺點

因睡覺的地方固定，寶寶逐漸長大後，醒著的時間較長，嬰兒床剝奪了寶寶活動的空間。半夜父母須從被窩中爬起餵寶寶喝奶，對爸爸或媽媽皆極為麻煩、不便。而且有些寶寶不習慣睡嬰兒床。

●一般的嬰兒寢具組

將必備的物品一次購足，通常都會買一組寶寶專用的寢具組。一般的嬰兒寢具約為下述的3件組，若包括床單的話則為6件組。

被子

圖案多樣，讓媽媽有更多的選擇。中央部份幾乎都是由聚脂棉所製，且聚脂棉經防螨加工處理，建議過敏性體質的寶寶採用此類產品。

貼身被

貼身被可依季節調節溫度，深受大家的喜愛。其特徵：比被子的尺寸小且輕。在溫暖的室內，寶寶白天大部分都睡在貼身被上。

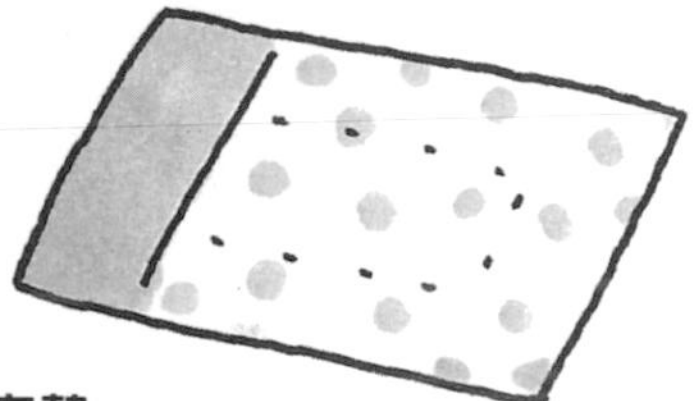

床墊

嬰兒用的寢具組最大的特徵，即是以床墊來替代鋪被。材質是氨基甲酸乙脂，硬度夠可防身體下陷，可促進嬰兒脊椎骨的發育。

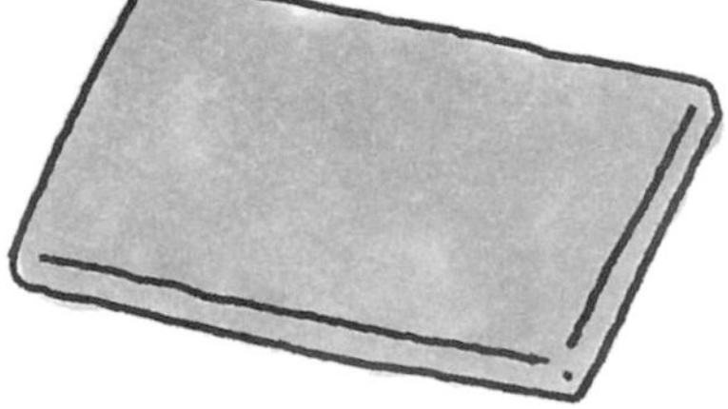

媽媽的好幫手及溫度調節

墊被

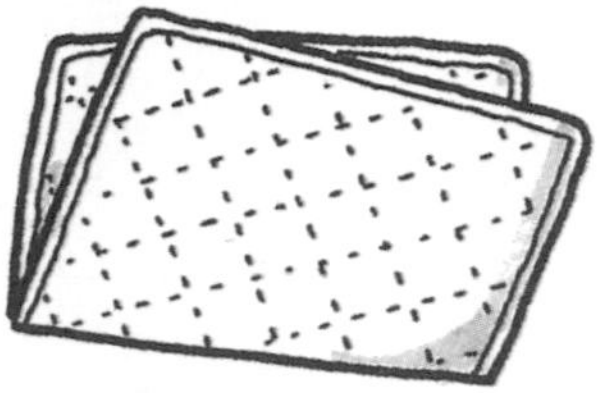

棉布墊

寒冷季節不可或缺的嬰兒用品，具有吸汗及防止尿濕逆流的效果。容易流汗的寶寶一年四季都可以使用。

防水墊

寶寶床單下必備防水墊。表面的材質是絨毛綿，裏面是經防水加工處理的塑膠。是外出住宿時不可或缺的好幫手。

蓋被

綿毛毯

毛短不易脫落，可用洗衣機清洗，是很受歡迎的一項嬰兒用品。午睡時蓋寶寶的肚子。因輕、小，外出時攜帶方便，依季節、用途、喜好等與毛巾被分開使用。

毛巾被

觸感清新，特別是夏季使用非常方便。容易流汗的寶寶一年四季都用得到毛巾被。也可以用大浴巾來替代。由於使用的時間長及使用的次數頻繁，經常要洗，故應選購材質佳的毛巾被。

嬰兒防護罩

寶寶在嬰兒床睡覺時，翻身等會使嬰兒床的欄杆發出聲響，且為防止寶寶碰到欄杆，在欄杆的周圍放置防護罩，不但防止寶寶受到碰撞，且在冬季亦有保溫的功用。

寶寶白天睡覺用的多用途娃娃車

可高可低

寶寶可躺可坐。吃飯及睡覺等多用途的娃娃車，有隱藏式餐桌的設計，可在客廳及餐廳使用，也可以當作椅子，可使用到4歲左右。

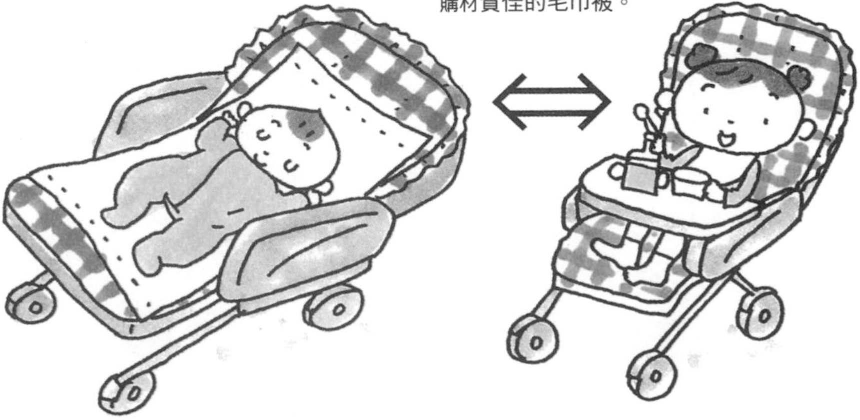

佈置環境

嬰兒室的裝飾及收納

寶寶誕生之後，衣服、尿布、哺乳用品及其所需的用具等等，逐漸的增多。而且寶寶的用品都非常的小，所以每天進進出出不停的收拾他的東西。故依照不同物品的用途，準備放衣服或物品的專用收納箱。設一個寶寶專用櫃，不但好收納也易使用。即使有了寶寶，也能輕鬆、乾淨的過生活。

●將寶寶每天的必用品集中在固定地方

將尿布、濕紙巾、剪刀、棉花棒等物品放在同一個盒子。很多商店都有販售這類可愛的收納盒。

●長櫃椅

翻開座面，其下可收納大量的東西，可將採購回來的紙尿褲放在裏面。

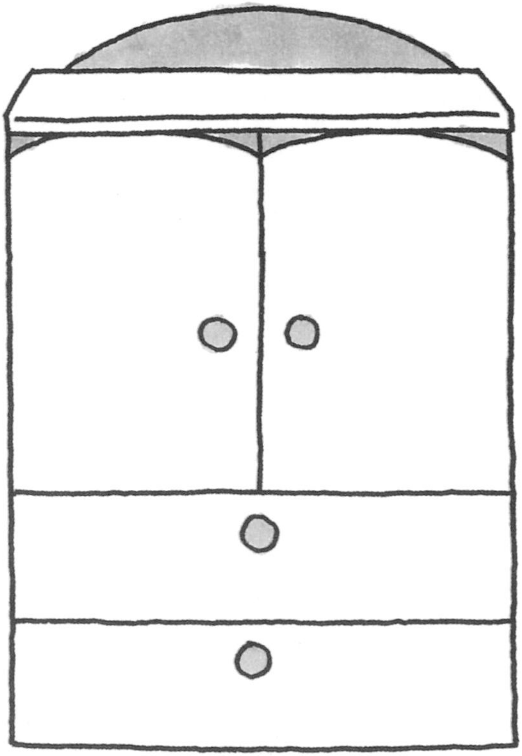

●衣櫥

收納大量衣服的衣櫥。寶寶到了十幾歲時仍可使用。

●衣櫃

有輪子的衣櫃，可收納寶寶的衣服。由於是半透明的，內裝何物一目了然。等到寶寶大一點，可做為玩具箱。

●有蓋的籃子

輕巧好攜帶，籐製的手工籃子，可用來收納浴巾等物品，建議使用有輪子的籃子。

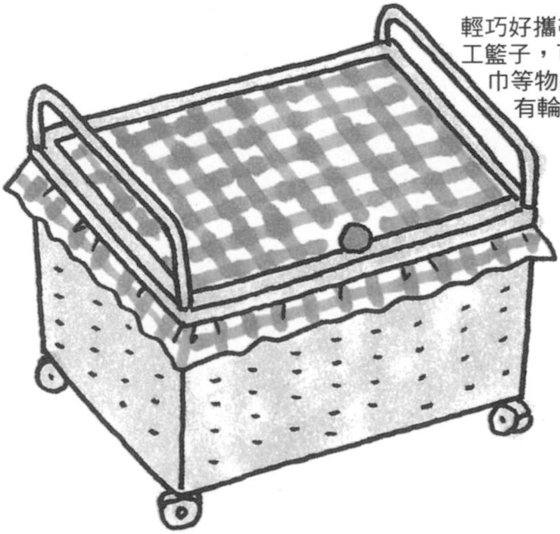

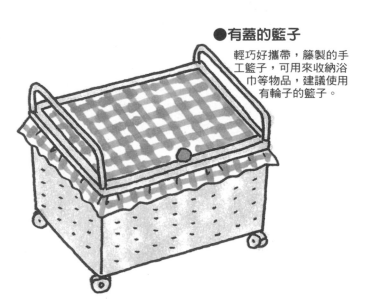

佈置環境

寶寶的房間

寶寶的房間最好是朝南，位在陽光充足、安靜的地方，若位在電視或走道旁邊，則寶寶的身心無法平靜。

確保嬰兒床所在的地方的安全性。不可將嬰兒床放在電燈的正下方，或堆放重物櫃子或書架的旁邊。

須注意室溫及濕度。讓寶寶舒適的溫度是18～24℃左右，初春時節，注意不可將暖氣開得太強。

冬天的濕度約50～60％，可用加濕器等來調節濕度。若室內空氣太過乾燥，容易感冒。冷氣與外面的溫度應保持4～5℃的溫差，室溫約25℃左右。若在牆上掛溫度計及濕度計，則可一目了然，非常便利。

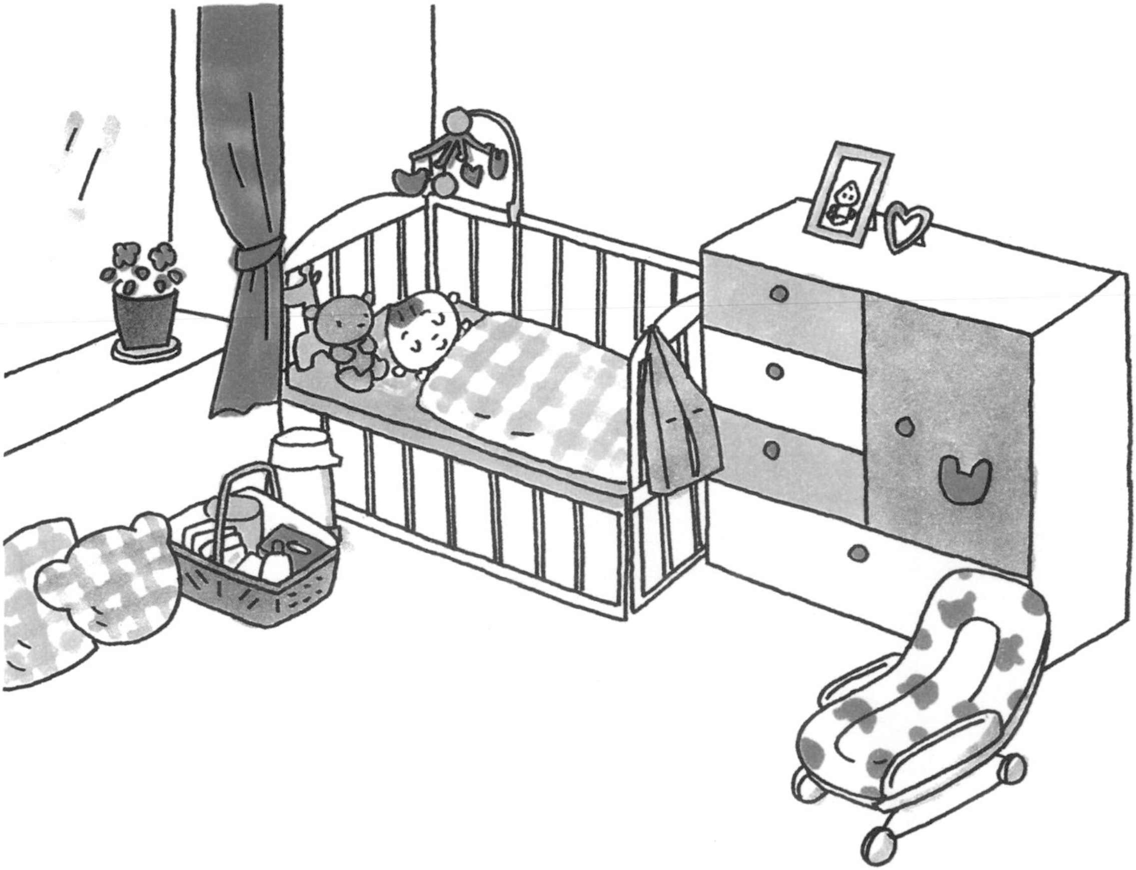

寶寶不喜歡的場所

地毯、厚質料的窗簾等處是容易堆積灰塵的巢穴，請徹底清潔乾淨。

檢查一下嬰兒床的周圍環境。牆上是否掛有裝飾品？櫃子上方是否堆放雜物？寶寶的頭部上方是否垂吊著音樂盒等？

冷氣太強的地方，對大人來說溫度可能剛好，但對寶寶嬌嫩的肌膚而言則過強。

香煙是寶寶的天敵，故請抽煙的爸爸到屋外去抽。有時要打開門窗，讓室內通風換氣。

現今的住宅密閉性高，只要一點暖氣，室溫便快速升高。寶寶穿著厚衣加上暖氣過強，在冬天也會流汗。

感冒的人請勿進入寶寶的房間。前來恭賀的訪客亦不例外，因爲新生兒的抵抗力弱，做家長的要多留意。

外出必備的用品

每天帶寶寶外出散步、購物等次數出乎意料的多。帶寶寶外出應具備哪些物品？

首先應配合外出的目的地及頻率，來訂定寶寶以何種方式外出。根據使用的時期及狀況，再決定寶寶是坐手推車或用揹巾揹他等。須考量到寶寶的安全及舒適感。

A型手推車

使用期間／2個月～2歲

折疊式

用推手桿操控，行進間單手按鍵開關即可停可走。可以放在門口，缺點是車身大且重。

A型手推車的特徵

座椅最大傾斜度170度

可靠背，亦可呈水平狀供寶寶躺著睡覺。因座位空間大，寶寶長大一點也還能坐。

面對式為主流型式

A型手推車幾乎都是坐著的寶寶面對著推他的人。寶寶看到媽媽就會有安全感。而且手指一按即可切換。

大輪胎行進間平穩安全

為防止振動到新生兒，不但輪胎加大且輪胎能減少70％以上的振動。故在顛簸的路上亦能平穩的前進，對初次當媽媽的人來說，操作相當簡易。穩定性高，可讓寶寶坐2個小時以上。

揹寶寶的方式

新生兒時期

頭頸部還軟趴趴的寶寶，最好使用具有靠枕及靠背設計的揹巾，使身體能夠獲得支撐。隨著寶寶的成長，視情況決定揹胸前或背部。

2個月～2歲左右

頭頸部堅挺的寶寶

外出時可將寶寶揹在胸前，在家有2種選擇：揹在胸前或背後。做家事時，將寶寶揹在身後，媽媽的背部溫暖，寶寶也覺得舒適。

會坐的寶寶

建議媽媽使用綁在腋下的揹巾，此種揹法可使用至4歲左右。固定平穩的肩式揹帶也有可能會鬆脫。

運輸型

適合爸爸來揹

可當手推車，將把手的部分折疊起來，即成為如圖所示的「揹籃」，非常獨特的設計，整個腹部都在「揹籃內」，安全無虞。

B型手推車

使用期間／7個月～2歲

折疊式

折疊起來的體積比A型手推車小，也可以放在門口，不佔空間。

B型手推車的特徵

整個車身輕可帶著走

因為車身輕，故可以揹在肩上帶著走。座椅的空間較小，座椅的最大傾斜度只有140度。

輕巧型、機動性高

輪胎比較小，僅能減少50％的振動。可在狹小的空間回轉，適合帶寶寶前往較小的超市購物時使用。建議經常外出的媽媽使用此種手推車。

構造簡單、功能齊全

操作簡易、機動性高、車體輕巧，使用它帶寶寶到任何地方都非常的便利。例如：可放在自用車的行李箱中，用它推寶寶搭公車或捷運也都很便利。出遠門也沒有問題。缺點是：最多只能讓寶寶坐1小時左右。

外出用品

兒童安全座椅

交通部自90年5月開始，規定4歲以下的幼兒，乘車時要坐兒童座椅（詳情請上網查詢），但公車、計程車除外。購買時需考慮安全性、使用的頻率、及是否符合經濟效益等等，再選擇合適的兒童座椅。

●新生兒時期即能使用

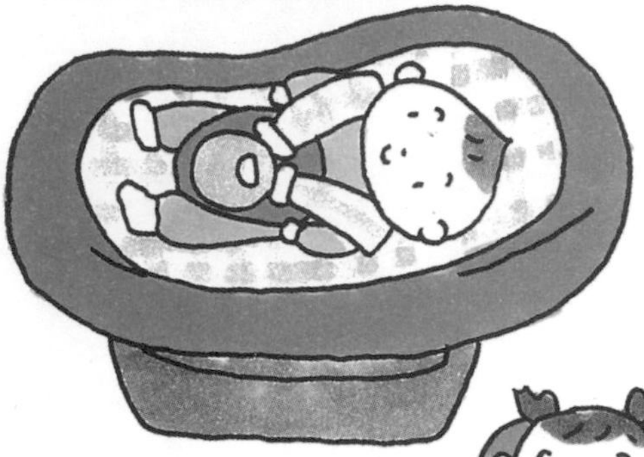

保護寶寶免於受傷，新生兒睡覺時亦可使用，可用到寶寶6歲左右。

長大之後

●可當嬰兒車使用

將座椅拿起來放在嬰兒車上，即可變成手推車。

●攜帶型

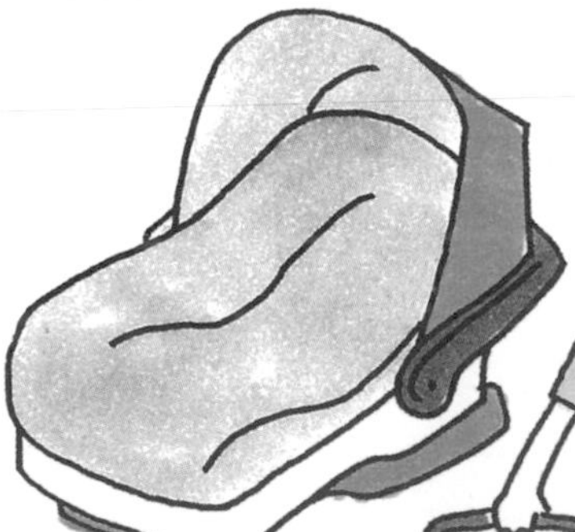

用車上的安全帶將兒童座椅固定在後座，鬆開安全帶後，兒童座椅即可帶著走。

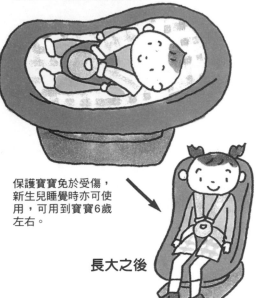

第四部

寶寶的健康管理與疾病

健康檢查

健診資料檢驗寶寶的發育生長

培育健康的寶寶，須了解他每個月的成長情況，並促進他的發育。寶寶的頭頸部還軟趴趴的、眼睛不會追著東西看、不會坐等，發育遲緩的狀況可由健診發現。

很多媽媽因忙碌都沒有帶寶寶去健診，輕度的發展遲緩如遲一個月左右，皆可由健診中觀察出來，還能發現異常，儘早治療。健診除了記錄嬰兒的發展、發育情況供追蹤之外，亦能協助改善母乳不足、教導餵食牛奶的方法、如何進行寶寶斷奶後的飲食、導正錯誤的育兒觀念等，好處良多。

1個月大嬰兒的健診

1個月的健診重點

①喝奶的狀況是否良好？
②會看亮的地方嗎？
③睡覺時頭部能否隨意的轉動？
④大哭時，和他說話，會不會停止不哭？
⑤肚子餓或不高興時會不會哭？
⑥會不會被突如其來的聲音嚇到並伸直手腳？

發現嬰兒異常的線索

❶身體軟　❷身體硬
❸轉頭的幅度小　❹轉頭的幅度大
❺體重沒有增加　❻反應遲鈍
❼手腳活動小

給媽媽的建言

以母乳哺育寶寶吧！母乳有防止寶寶過敏的功效。且熱量高，對寶寶的發育有很大的助益。寶寶吸吮時，母乳便會源源而出。餵完母乳後，寶寶還哭，請不要立即泡奶粉給寶寶喝，健診後視其體重的增加情況，再做決定是否改餵奶粉。

3個月大嬰兒的健診

3個月的健診重點

①頭頸部堅挺嗎？
②會笑嗎？
③會發出「啊—啊—」或「嗚—嗚—」的聲音嗎？
④會目不轉睛的看著東西嗎？
⑤會張開手嗎？
⑥會因電視的聲音或廣告，把臉或眼睛轉向電視嗎？

發現嬰兒異常的線索

❶眼睛不會追逐東西看(視覺追蹤)
❷不會笑　❸反應遲鈍
❹手仍緊握著　❺身體蜷曲
❻頭頸部還軟趴趴的
❼頭太大或太小　❽喝奶的能力差
❾體重沒有增加　❿眼球運動異常

給媽媽的建言

檢查寶寶的體重是否逐漸增加？頭頸部是否堅挺？大腿關節是否有脫臼的現象？等等。可以給寶寶喝稀釋後的果汁，開始做斷奶前的準備。寶寶看到媽媽會發出開心的笑聲。此階段的媽媽可以稍微輕鬆一下。好天氣的時候，不妨帶著寶寶到戶外曬曬太陽接受日光浴。

6 個月大寶寶的健診

6個月的健診重點

①能挺腰坐直嗎？
②會翻身嗎？
③會伸手抓玩具嗎？
④媽媽對他說「我來囉」，寶寶會高興的撲向媽媽嗎？
⑤在寶寶旁邊看報紙，他會不會撕破報紙？
⑥叫他的名字會不會有反應？

發現寶寶異常的線索

❶頭頸部還軟趴趴的
❷不會翻身
❸坐在大人的膝蓋上不會一蹦一蹦的蹬
❹不伸手抓玩具
❺反應遲鈍。對周遭的反應冷漠
❻身體硬硬的。一抱他身體便蜷曲
❼叫他但沒反應

給媽媽的建言

斷奶飲食一天餵食2次。每次的食量約：稠液狀的穀類40g、煮過的蛋黃2／3個、魚10g、蔬菜15g、水果5g左右。

此階段開始，因得自母乳的免疫力減少且外出的機會增加，要注意寶寶很容易突然的發燒。

週歲寶寶的健診

週歲的健診重點

①能否自己站立？
②牽引他的手會不會走路？
③能否從坐著的地方，用手扶著東西，自己站起來？
④看見別人正在使用梳子或刷子，會不會發出想要的聲音？
⑤會不會對著鏡子玩？
⑥會不會拿鉛筆亂畫？
⑦會不會發出「啪啪、噠噠」聲？
⑧叫他的名字會有反應嗎？

發現寶寶異常的線索

❶不會扶著東西走路
❷不會扶著東西站起來
❸不會模仿一張一握的動作
❹反應遲鈍或不會追逐東西
❺不玩玩具
❻抓東西的動作很奇怪
❼叫他的名字不會有反應

給媽媽的建言

此時體重約是出生時的3倍，身長約為出生時的1.5倍。會走路了。走路是判斷寶寶發育是否正常的線索之一。每天進食斷奶飲食3次，攝取身體發育所需的營養。每天的牛奶量約為300～400ml左右。

1 歲半寶寶的健診

1歲半的健診重點

①走路會不會跌倒？
②能自己坐起來嗎？
③他了解「來來」、「睡覺」、「給我」的意思嗎？
④會將罐子中的小球拿出來嗎？
⑤會說片段的語彙嗎？
⑥會使用湯匙嗎？
⑦聽到音樂會運動全身嗎？
⑧會爬椅子玩嗎？
⑨會不會去撿滾動的球？

發現寶寶異常的線索

❶不會說話
❷不會坐
❸走路不穩或不會上、下樓梯
❹還沒有完全斷奶
❺不太會咀嚼
❻不會使用吸管、湯匙、筷子

給媽媽的建言

此階段的寶寶已經很會走路了。喜歡到戶外，所以不要老是把他關在家裏。下午睡2～3小時的午睡。知道自己的名字。會說「爸爸」、「媽媽」等單詞。80%的營養從飲食中攝取。對玩非常感興趣，可以讓寶寶邊玩邊吃。

預防接種資訊

預防接種是保護寶寶遠離可怕的傳染病的最佳方法，應積極的帶寶寶前去接種疫苗。有些疫苗是免費的，有些可個別到醫院接種疫苗（須自費）。

集體接種不按照接種的順序，寶寶的身體狀況良好時即可接種。須遵守醫生所告知的接種後的注意事項。若錯過了集體接種，則可採個別接種，請向所在地的衛生所查詢。

疫苗的種類及接種方法	副作用		其　他
活菌疫苗注射	幾乎沒有副作用，極少數的接種者一週內接種的部位會化膿。	(集)	○家族或近親患有結核病的新生兒應接種。
活菌疫苗口服	無	(集)	○接種最好間隔6週以上，才有效果。
死菌疫苗及類毒素混合注射	24小時內發燒的比率約5%左右。約有50%的小孩接種部位會出現紅紅的硬塊。	(個)	○嚴重的百日咳會引起肺炎等併發症。未滿2歲的寶寶死亡率最高。 ○可能變為接種2劑混合注射。
活菌減毒疫苗注射	10~20%的小孩接種後7~10日內會出現發燒及像麻疹般的疹子。	(個)	○1歲3個月左右即可接種 。 ○大人也可以接種 。
活菌減毒疫苗注射	無	(個)	○希望未懷孕的婦女能接種(接種後的3個月須避孕)。
死菌疫苗注射	無	(個)	○日本腦炎是脊髓的灰白質受病毒感染，會留下後遺症。 ○每年3月至5月接種疫苗。
活菌疫苗注射	每百人即有2~3人耳下會腫、會發燒、出現「輕微的腮腺炎症狀」。1萬人中約有1人因注射疫苗而引發病毒性的髓膜炎。	(個)	○注射疫苗後，還感染、發病的機率微乎其微。
活菌疫苗注射	極少數會出現發燒或出疹子的症狀。	(個)	○這種活菌疫苗的免疫力弱，接種者10人當中約有1人會感染發病。
死菌疫苗注射	幾乎無，曾出現對蛋類過敏的人發生休克的現象，但這種個案非常少見。	(個)	○希望自己身體有免疫的人接種。 ○希望過團體生活的兒童接種(托兒所、幼稚園)。

(集)=集體接種　(個)=個別接種　摘自《預防接種及兒童的健康》一書

●預防接種時間表

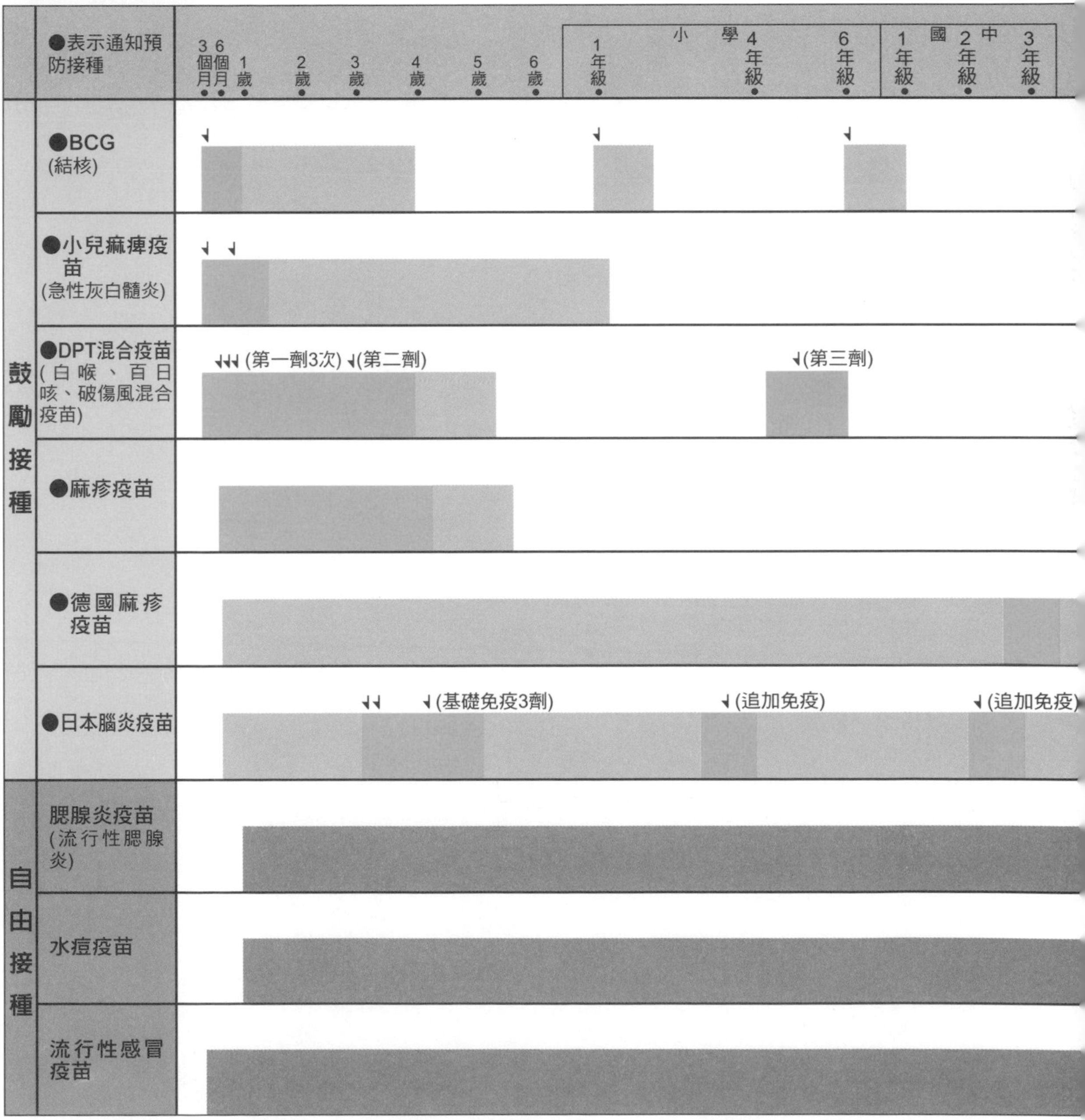

規定接種的年齡　一般接種的年齡　可接種的時期　接種的次數

嬰兒的疾病

圖表式的症狀檢查

發現寶寶有些不對勁時，媽媽便開始猶豫、掙扎：到底是在家裏觀察一陣子好呢？還是應該立刻帶寶寶去看醫生？

若寶寶出現下述的8種症狀之一時，應立即帶他前往醫院就醫：發燒、痙攣(抽筋)、咳嗽、嘔吐、腹瀉、出疹子、哭鬧不止、嘴巴痛。

發燒

寶寶突然發高燒。發燒是生病的症狀之一，若寶寶發燒了，要先仔細地檢視寶寶的全身。若只是發燒，無其他特別的症狀時，父母則可稍微放心。若寶寶還不滿6個月大，突然病情惡化的情況屢見不鮮，應儘早帶去看醫生。

即使是輕微的發燒，但臉色蒼白、表情痛苦、哭聲奇怪，可能是重病的前兆；若搖寶寶的頭或一摸他的耳朵就哭的話，可能是中耳炎作祟；高燒不退且咳嗽、出疹子，可能罹患了傳染病。總之，一旦寶寶有了不正常的狀況，應儘速就醫爲宜。

寶寶一發燒，臉色立即發白，手腳冰冷，這可能是因爲寶寶的體溫調節功能不佳，此時應溫暖他的手腳使血液循環順暢。

相反地，若寶寶一發燒，臉頰變紅，應替他換穿薄衣服，讓他睡在冰枕上來降溫。

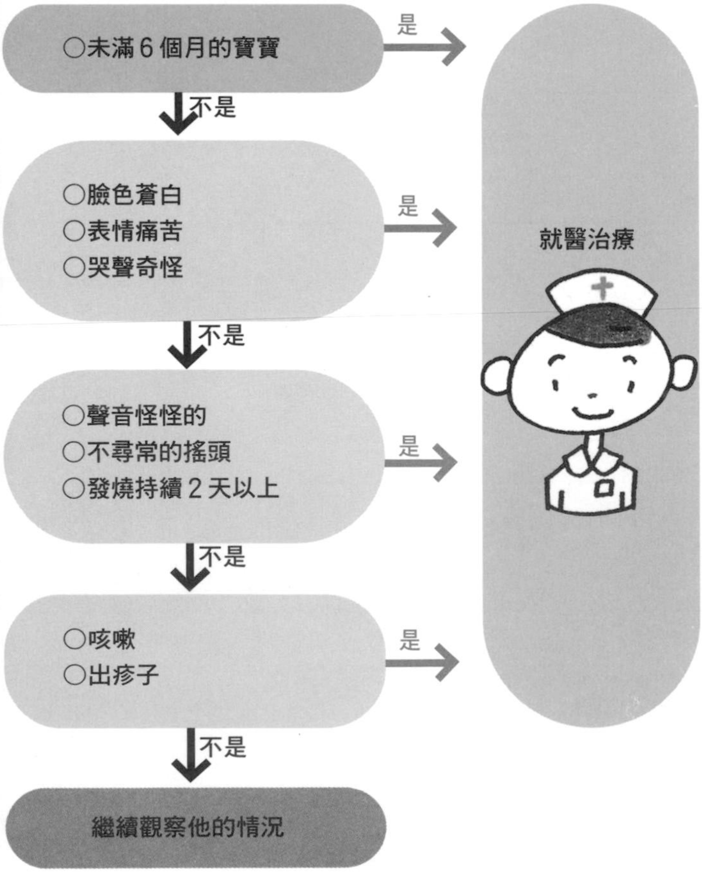

痙攣（抽筋）

很多疾病都會出現抽筋的現象。「熱性痙攣」好發在6個月～3歲左右的寶寶身上，發病的比率每10人即有1人得此病。「熱性痙攣」是因發燒而引起的抽筋。

發病時，體溫急速升高，身體因肌肉顫抖而生熱，對大人而言是「寒顫」，對寶寶來說則是痙攣。「熱性痙攣」會重複發作，發作過後隨即恢復意識，全身的狀態恢復正常。

痙攣發作時，不要慌亂，保持冷靜，注意下述事項：

①不可將筷子等堅硬的物品放入寶寶的口中。

②不可搖動他。鬆開他的衣服。

③將頭側向一邊，暢通呼吸道，防止嘔吐物進入氣管。

④觀察抽筋的樣子。全身僵直？不停的抖動？從何處開始抽筋？

⑤突然發燒？或之前即發燒？或無發燒的現象？

⑥抽筋不止的話，立即送醫。一般抽筋約1～2分鐘左右，若持續10分鐘以上，應立刻叫救護車送醫治療。

○未滿6個月的寶寶
○持續發燒好幾天了
○6歲以上的孩童
→ 是 → 就醫治療
↓ 不是

○痙攣已發作3次以上
○頭部曾受到強烈的撞擊
○家族有人經常抽筋
○痙攣持續10分鐘以上
→ 是 → 就醫治療
↓ 不是

○之前健健康康的，突然抽筋
→ 是 → 就醫治療
↓ 不是

○突然發高燒
→ 是 → 就醫治療
↓ 不是

繼續觀察他的情況

咳嗽

寶寶明明沒有生病卻經常咳嗽，那是因爲他對氣溫變化敏感，呼吸道容易堆積分泌物所致。

有些健康的寶寶不知爲何，每次呼吸時，胸口經常會發出「咻—咻—」的聲音，若將痰抽掉，這種怪聲則停止。如果寶寶健康且食慾很好，卻出現上述所謂的「先天性喘鳴」的現象時，若斷奶後的飲食進行順利的話，即可自然治癒。

咳嗽可分爲1.哮吼：聲音從喉嚨出來的乾咳及2.濕咳：下呼吸道受到感染所引發的咳嗽。

哮吼通常伴隨喉嚨痛、發燒、流鼻水、聲帶發炎、聲音沙啞、呼吸困難等症狀，最大的特徵是咳嗽聲音變乾粗似狗吠聲，又稱爲格魯布性喉頭炎，應儘速就醫。濕咳多發生在支氣管炎、肺炎、氣喘等疾病，且早晚咳的厲害。

若寶寶夜間咳嗽越來越嚴重，甚至想吐，可能罹患了百日咳，若早晚支氣管哮喘發作且病況嚴重，有呼吸困難或發燒等現象，則可能已轉成肺炎，應儘快就醫。

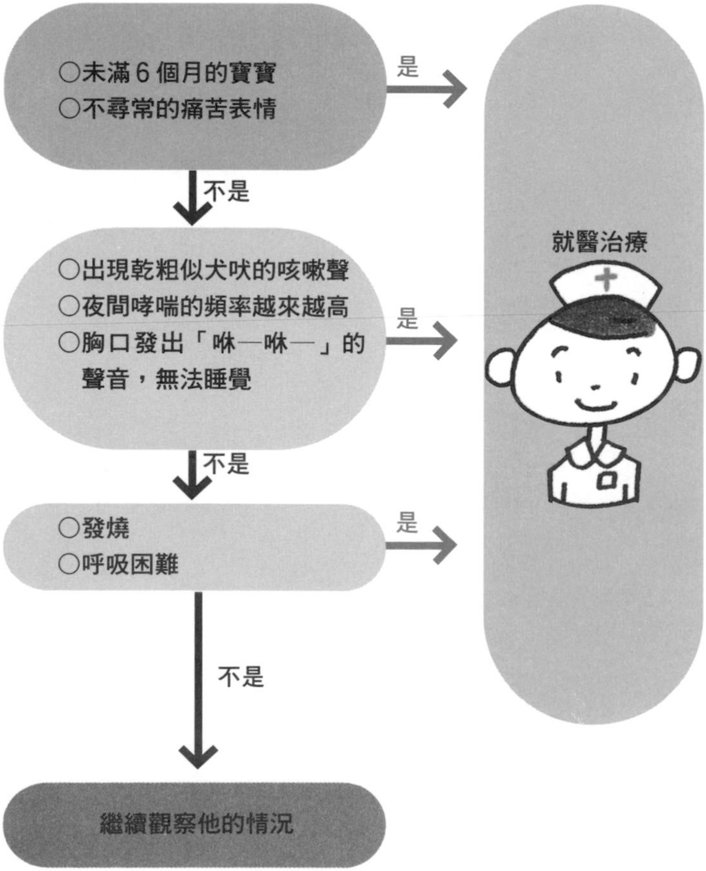

嘔吐

寶寶的胃比較淺，胃袋尚未發育完全，故經常發生嘔吐。

特別是餵奶之後，抱著寶寶以空掌拍背，嗝沒打出來，乳汁卻與吸進去的空氣一起吐出。很多寶寶會因爲咳嗽或吃太多而嘔吐。

斷奶飲食期間也常出現嘔吐的情況，可能因爲過早進行斷奶飲食或寶寶的喉嚨過於敏感所致，這種嘔吐不須擔心。

出生2～8週的新生兒，只要一喝奶，就會出現噴射式的嘔吐，這種症狀稱爲肥厚性幽門狹窄症，會讓寶寶的體重無法增加，須就醫治療。6個月～1歲半的寶寶，突然嘔吐、臉色發白，痛苦不已的大哭，灌腸後會出現如凍般的血便，這種病症稱爲腸套疊。消化不良或髓膜炎的嘔吐除了脫水、發燒之外，還會出現其他症狀，皆應儘速就醫。

此外還有周期性嘔吐，好發於2～9歲的孩童身上，會反覆嚴重的嘔吐。

須仔細觀察寶寶的嘔吐物，提供給醫生作參考。

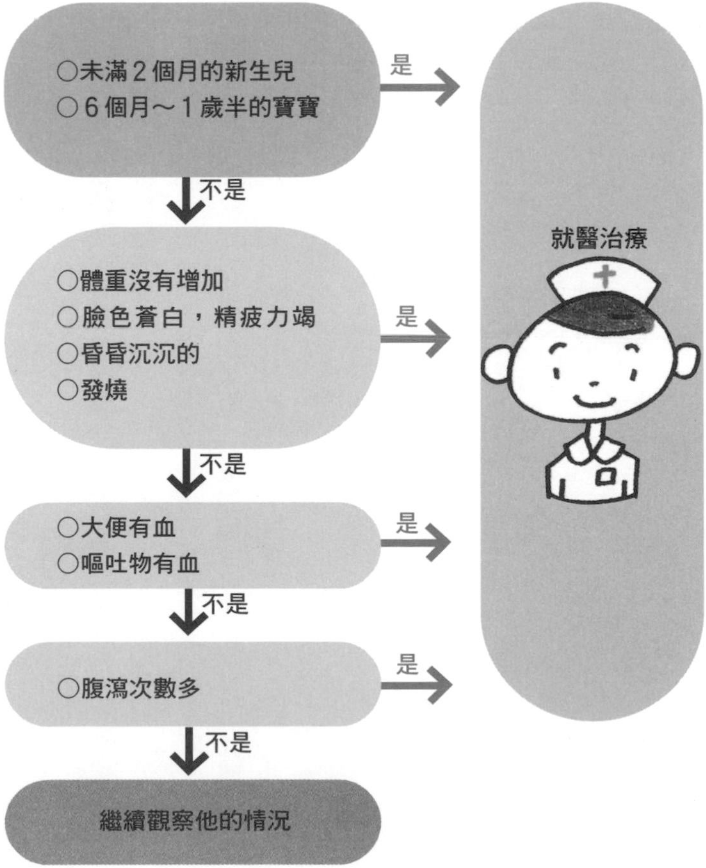

腹瀉

一般正常的寶寶大便軟且次數多。特別是未滿3個月喝母乳的寶寶，會解水便。開始餵他喝果汁、或餵食斷奶飲食，寶寶會暫時排水便，不須過度憂心。

常因感染大腸菌、沙門氏菌、霍亂弧菌等而引發腹瀉。而最具代表性的，則是在冬季由輪狀病毒所引發的腹瀉。

特別是在斷奶期的寶寶，經常出現腹瀉，其特徵是從嘔吐開始，一天排好幾次的水便，導致寶寶體內的水分快速的流失，造成脫水的現象，嚴重的話，必須到醫院打點滴以補充水分。若症狀輕微，媽媽可用食療法，多補充寶寶水分。

到了夏季，腸胃容易受病毒感染，使寶寶發燒、腹瀉。

或許很多媽媽會感到意外，其他因中耳炎或肺炎而服用抗生素的寶寶有時也會腹瀉。一喝牛奶即腹瀉的過敏症狀，則是因乳糖分解酵素不完全所致。

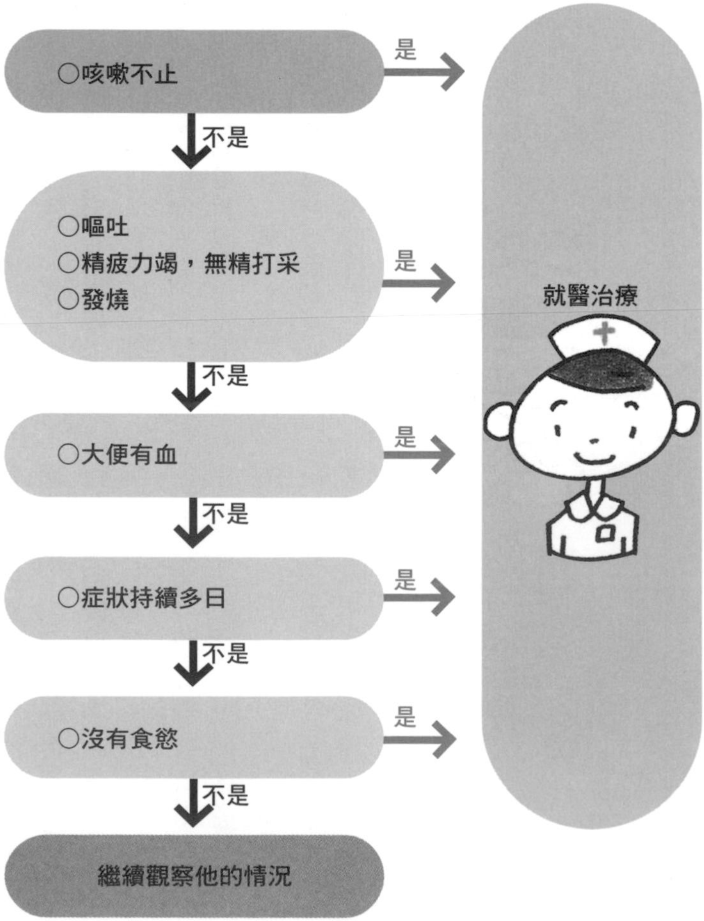

出疹子

很多疾病會有出紅疹的現象。

依疹子的顏色、形狀、大小、發疹的方式來判斷是何種疾病所造成，且患病寶寶的年齡層也不同。一般若有發燒的現象，多爲傳染性的疾病所引起。

1歲前的出疹子多爲突發性出疹症，1歲之後多爲疥癬、膿痂疹、川崎病等，2～6歲則爲麻疹、德國麻疹、水痘、夏季感冒、溶連菌感染等所引起的出疹子。

水痘的症狀是：發燒及出疹子同時出現；德國麻疹發病時，全身立刻起紅色的斑點，不會發燒，多屬於隱性感染。

夏季感冒是流行性感冒病毒所引起的，出疹子的方式依病毒的種類而不同。最具代表性的是手口足病的出疹，顧名思義即在手、足、口等處出現紅色的疹子。

突發性出疹症則是退燒後才出疹子。

寶寶出疹子時，媽媽要知道疹子的形狀、顏色及有無發燒等現象，並提供給醫生做爲診斷的參考。

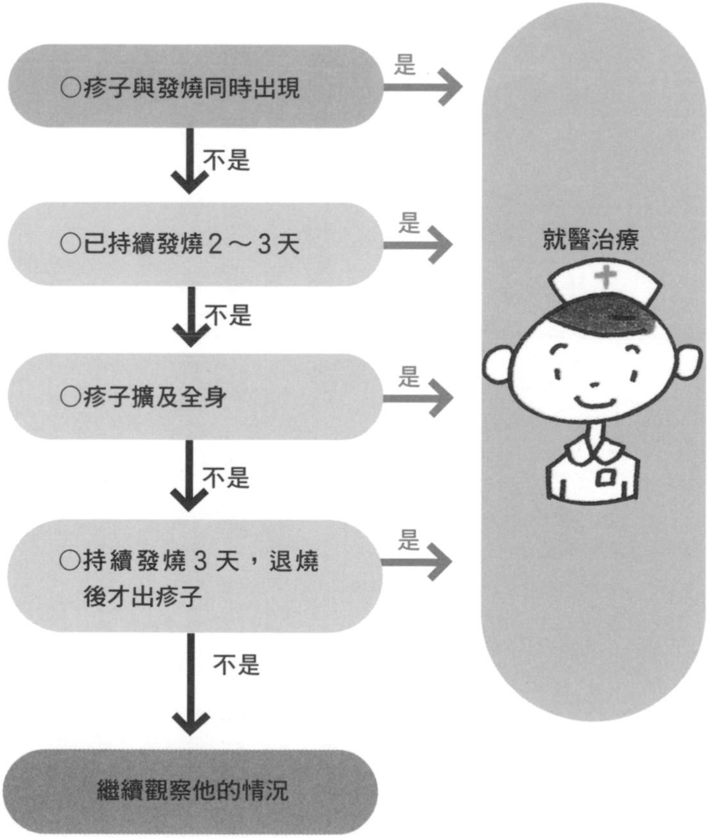

哭鬧不止

寶寶常哭，因他會用哭的方式來告訴媽媽：我肚子餓、尿布濕了、想睡覺等等。

媽媽照顧寶寶習慣後，憑直覺即能知道寶寶的需求。

寶寶會因要人抱、怕生、覺得冷、感覺熱、口渴等不同的情況而哭，不必擔心，因媽媽已從照顧他的過程中，學會了如何回應他的要求。

有些6個月~2歲的寶寶在大哭大鬧後出現痙攣的現象，這是因爲自己的欲求無法得到滿足，在突然大哭之後，發生呼吸困難，剛開始哭鬧時臉色發紅後變紫色，數秒間即喪失意識。

這種症狀多發生在情緒不穩的寶寶身上，肇因於父母過度干涉或溺愛，會自然而癒。故父母應施以適度的管教。

若寶寶不是因爲欲求不滿而大哭大鬧，身體突然抽筋、手指捲曲可能是發病的前兆，媽媽必須仔細觀察，以免延誤就醫。

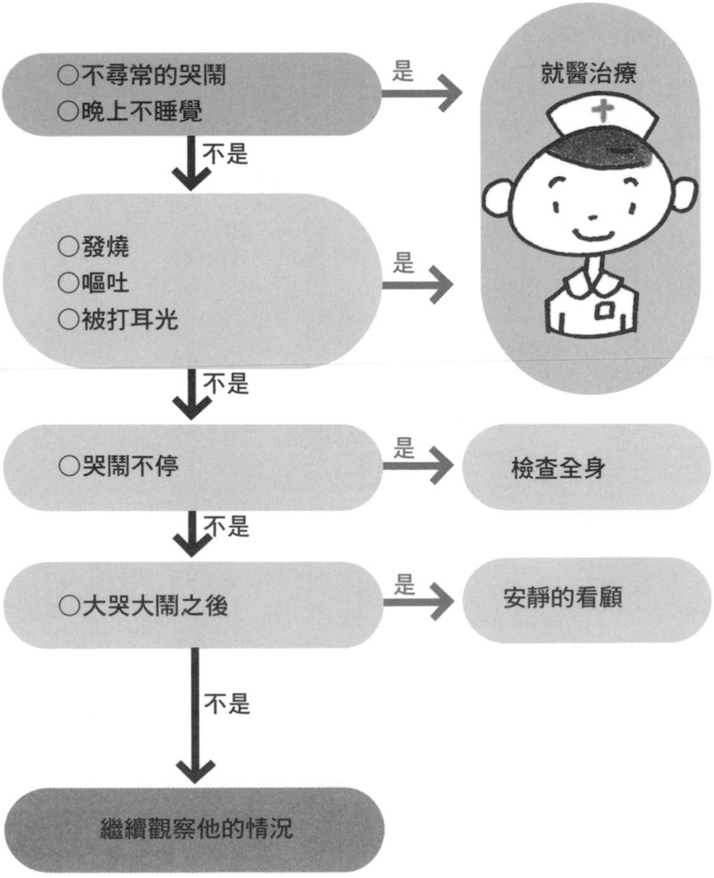

嘴巴痛

寶寶的嘴巴長出顆粒狀的斑點，會痛得使寶寶無法吃東西。

以出現白色斑點的口瘡性口腔炎，及喉嚨內部長水泡的泡疹性咽峽炎最具代表性。

引起口腔炎的病毒有好幾種，泡疹性咽峽炎主要是由柯薩奇病毒所引起，好發在初夏到秋季，會發燒。其他如舌頭、牙齦紅腫，高燒不退等是泡疹初期的症狀，嘴唇附近會長水泡，會有重複感染的現象。總之，無論何種口腔炎，嘴巴都會很痛。

諸如：手口足病、水痘、扁桃腺炎等亦是造成口腔疼痛的病症，使食慾降低。寶寶口中長出類似牛乳凝狀的白色斑點，即所謂的鵝口瘡。總之，口腔的疾病很多，若寶寶的嘴巴痛請少給他喝牛奶，先帶去看醫生。

病毒性的口腔炎治療期較長，因疼痛或空腹讓寶寶不舒服、焦躁、沒有活力。此時媽媽可準備不刺激、冷的、軟的，且具高營養價值的流質食物給寶寶補充體力。

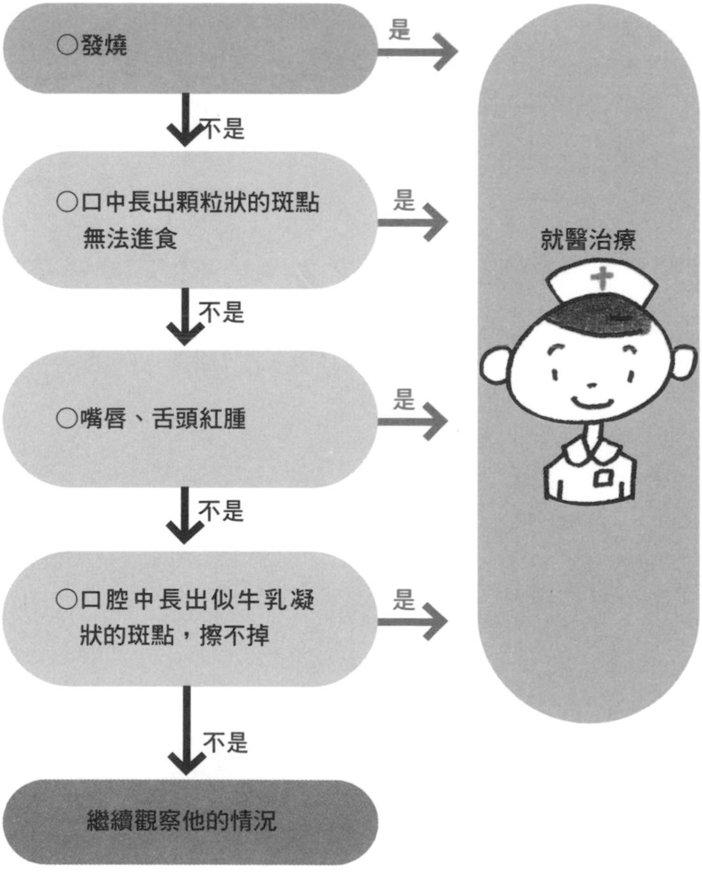

疾病的種類

做父母的總是希望自己的孩子沒病沒痛，健健康康的長大成人。但寶寶易罹患的疾病很多。一旦寶寶克服了疾病，相對地他對該疾病已具抵抗力。

寶寶的健康管理是媽媽的任務也是義務。故媽媽們要正確的了解有關寶寶疾病的各種基本知識，以備不時之需。

●過敏性皮膚炎

4個月～5歲左右過敏性體質的寶寶，易罹患過敏性皮膚炎。

在乳兒期，大多出現紅色的濕疹，因很癢，但越抓越癢，抓破皮會感染細菌使皮膚滲出液潰爛。

到了幼兒期，好發膿痂狀的濕疹。

肌膚乾燥的寶寶，易患過敏性皮膚炎。

故幫寶寶洗澡清潔肌膚時，請用無刺激性的肥皂或沐浴乳。若寶寶得了過敏性皮膚炎，經專科醫師看診、指示後，擦外用藥劑則很快治癒。

●過敏性鼻炎

過敏性鼻炎和過敏性皮膚炎及支氣管哮喘等疾病一樣，好發在過敏性體質寶寶的身上。

1～2歲左右症狀才會明顯，在乳兒期媽媽總以爲是「鼻塞」，不易察覺。過敏性鼻炎的主要症狀：打噴嚏、流鼻水、鼻塞、鼻子癢、眼睛充血、眼睛癢等。

過敏原不外乎是灰塵、蕎麥皮、寵物的毛、塵蟎、花粉等。故應找出寶寶的過敏原，並對症下藥。可使用抗生素或抗過敏的藥來減輕症狀。

●流行性感冒

每年一到冬季，各型的流行性感冒即開始肆虐。其特徵是：高燒、全身酸痛。

感染流行性病毒後發病，故冬季來臨前，家人即應注射疫苗，以增強抵抗力。不要帶寶寶前往公共場所，如此便能與流行性感冒絕緣。

●流行性腮腺炎

這是幼童或小學1、2年級的小朋友易罹患的疾病。寶寶得此病的機會很少。

主要症狀：低溫發燒（37～38℃）及耳朵下方紅腫。剛發病時嘴巴不易張開，痛到無法吃東西。幼兒時期罹患此病，會影響寶寶的聽力，須謹慎防範。

若托兒所流行此病，通常2歲以下的寶寶雖然感染了，但是屬於隱性感染，不會出現任何症狀，在不知不覺間被傳染並產生抗體，之後則終生免疫不會再發病。

●外耳炎

外耳是指鼓膜到耳殼的部分。外耳炎是因亂挖耳朵造成細菌感染化膿，非常的痛，會讓寶寶很不舒服，只要輕輕的摸他的耳朵，便哇哇大哭。

爲消除膿包，可讓寶寶服用抗生素，或切開膿包徹底清除。

●感冒症候群

俗話說：「小孩是在一次又一次的感冒中茁壯長大的」。未滿6個月的寶寶，所幸有來自媽媽母乳中的免疫，感染到感冒的機會微乎其微。但是，近來寶寶提早被送到托兒所，故媽媽不可掉以輕心。

嬰幼兒的感冒與大人不同，症狀很多，打噴嚏、流鼻水、鼻塞是感冒的前兆，接下來會發燒、喉嚨痛、咳嗽，也會出現腹瀉、嘔吐等消化系統的症狀。

重感冒的寶寶易引發細菌的2次感染，爲防止併發中耳炎、支氣管炎、肺炎等，請讓寶寶安靜的休養並補充營養。

可用退燒、止咳、止瀉、止吐等藥物對症下藥，多數的醫生會先使用抗生素來預防併發症。

●川崎病

好發在4歲以下的嬰幼兒。2～3個月大的寶寶也有患此病的個案。爲什麼日本特別多人易得川崎病？原因依舊不明。

主要症狀：高燒39℃持續5天以上，眼睛充血、嘴唇皸裂、舌頭長出如草莓狀的粗粒、身體及手腳出疹子、手部腫脹得特別厲害、大量的脫皮、淋巴結腫脹。

川崎病是因血管發炎所引起的疾病，對心臟的危害最大，嚴重時會死亡。可用超音波來檢查是否罹患川崎病。若患此病，須進行修復凝血功能的治療。病情控制後，須定期追蹤。

●支氣管哮喘

很多疾病好發在過敏性體質的寶寶身上。支氣管哮喘就是其中之一。

哮喘發作的原因：是對抗原的過敏性反應及支氣管過敏所致。主要的症狀：呼吸困難，且發出「咻－咻－」的聲音。

哮喘發作後，應帶寶寶去看過敏專科醫生並找出過敏原。消除生活環境中的過敏原，亦可藉游泳來減低發病的機率，須注意寶寶日常生活的管理。

●急性支氣管炎

大多由感冒所引起的。主要的症狀：氣管發炎、發燒、流鼻水、有痰、咳嗽等。

怕寶寶轉成肺炎，醫生會使用抗生素或止咳藥劑，爲不耗弱寶寶的體力，應儘早治療。

●結核病

發燒不退、咳嗽不止，則可能患了結核病。未接種結核疫苗的寶寶，結核菌反應呈陽性的話，表示已感染了結核菌。

嬰幼兒感染後，發病的機率極高，且結核病易併發髓膜炎。

為不讓寶寶患結核病，應儘早在乳兒期即接種結核疫苗。若不能在衛生所接種的話，請向經常就診的小兒科醫生詢問。特別是家族有人患結核病，寶寶出生後即應立刻接種。

●結膜炎

結膜炎是因結膜發炎產生分泌物。寶寶若經常用他的髒手去揉眼睛的話，很容易感染到結膜炎。故應幫寶寶勤洗手（特別是指甲），保持乾淨。

白眼球的部分如紅墨水般的火紅，眼睛腫脹，產生眼屎，則可能已罹患了流行性角結膜炎。若寶寶的角膜潰瘍會影響他的視力，應儘早帶他去看眼科醫生。

●口腔炎

寶寶的嘴裏或喉嚨有白色斑點且周圍紅腫的話，表示他已得了口腔炎。若他吃東西會哭，而且不停的流口水，媽媽應檢查一下寶寶的口腔。

口腔炎除了口瘡性（白色斑點）外，還有泡疹性咽峽炎、急性泡疹齒肉、鵝口瘡等。鵝口瘡是狀似牛乳凝狀的白色斑點。

可向醫院索取各式口腔炎的藥水。要保持寶寶口腔的清潔，一點一點的餵他吃無刺激性的流質食物。

●斜視

眼睛肌肉不平衡而致雙眼的眼球不一致。失焦的眼睛，會將一個東西看成2個，故不要使用斜視的眼睛看東西，會使眼球有無意識的防衛轉動，且寶寶斜視的眼睛其視力尚未發達。

孩童的視力發展約在5～6歲左右才臻於完備，故在此之前應好好的接受治療。大部分都在3歲左右進行手術治療。

其他如遠視、近視、亂視或閃光等異常，應早期發現早期治療。若寶寶經常歪著頭看東西或近距離的看電視，媽媽應該帶他去眼科檢查一下。

●先天性股關節脫臼

女孩與男孩患病的比例為6：1，女孩較易罹患。除了大腿根部的股關節完全脫臼外，還有不完全脫臼、股關節發育不全等症狀。

換尿布時，將左、右腳拉直，才發現腳一長一短。也有僅藉包尿布將兩腳分開，一段時間後復原的個案。但應該尋求正常管道解決：使用矯正器來矯正，期間約3～4個月。

多數會在3個月健診時發現此異常症狀，所以媽媽不要忘了帶寶寶去健診喔！

●疝氣

很多男寶寶有此病症。陰囊、腹股溝鼓起，腸子等好像要飛出去一般。當孩子哭時會用力，腹股溝鼓起，肚臍明顯凸出。媽媽用手一按又恢復原狀。

有時將疝氣推回，會造成腸子無法恢復原狀，且疼痛不已，寶寶嚎啕大哭。若為狹窄性的疝氣，應立即就醫。

依症狀而定，寶寶3個月大即可進行疝氣手術。

●中耳炎

若有發燒、流鼻水、咳嗽等感冒的症狀再加上情緒不佳，一摸或一壓寶寶的耳朵，便痛的哇哇大哭，表示寶寶可能得了中耳炎。

用指頭在寶寶耳朵周圍按壓，痛得大哭或頭轉來轉去的閃躲，那麼八九不離十肯定是中耳炎。

應看耳鼻喉科醫生。調查發病的菌類，再配合抗生素治療。必須遵照醫生的指示服用抗生素。

若治療不完全的話，可能轉為慢性化膿，會造成聽障。鼓膜破裂(因治療而破裂)可以修補再生，不必擔心。

所謂滲出性中耳炎，是指鼓膜內側堆積滲出液，症狀不明顯。會降低聽力，若叫他都沒有回應的話，應儘速帶去看耳鼻喉科。

●腸套疊

好發在4、5個月~2歲左右的寶寶身上，特別是斷奶期的寶寶最易患此病症。

一部分的腸子捲進腸子內，若不儘速將其恢復原狀的話，捲進去的腸子會潰爛，只需短短的2~3天即可奪走寶寶的生命，希望父母不要掉以輕心。

寶寶突然好像被火焚身般淒厲的大哭，或斷斷續續的哭，2~3分鐘便大哭一次，好不容易停止哭泣，突然又哭得很淒慘。去醫院就診前，即會出現臉色蒼白、嘔吐、大便有血等症狀。

若哭聲異於普通時候，並不尋常，先灌腸看看。若大便有血，不要猶豫，帶著寶寶及排泄物，立即前往醫院檢查。

●手口足病

好發於嬰幼兒。是夏季感冒的一種。有時不會發燒，即使發燒溫度也不會太高。正如其病名：在手、足、口等部位長出小水泡。

4~5天即可治癒，無須過度擔心。口腔長水泡會痛，可給寶寶吃不刺激、冷的流質食物。

●突發性出疹症

6~7個月的寶寶，第一次發燒時，媽媽應聯想到是突發性的出疹子。除了發高燒高到39~40℃、極不舒服、沒有食慾外，沒有其他明顯的症狀。有些寶寶因高燒會引發痙攣。

一般高燒約持續3天左右，退燒的同時，在寶寶的胸部、腹部及背部會出現小疹子，2~3天即自動消失不會留下疤痕，不必擔心。此病症有2種病毒，有些寶寶會重複感染。

●傳染性膿痂疹

好發於夏季，由過敏性皮膚炎、濕疹、汗垢等引起的皮膚病之一。突然全身到處長出覆蓋著薄膜的黃色水泡，這是黃色葡萄球菌的傑作，這種病菌寄生在鼻孔內，故從鼻子的周圍開始長水泡。

水泡破掉之後，全身起膿痂。應儘速治療，除了用抗生素外，還要塗外用藥水。

寶寶因皮膚脫落的關係，全身變成紅色，併發葡萄球菌性熱傷皮膚症候群，故千萬不可延誤就診。

●嬰兒維生素K缺乏症

以前不知道寶寶為何突然引起顱內出血，原來是欠缺維生素K_2的母乳所造成的。

故現今各大醫院的婦產科及婦產專科，都會餵出生一週內的寶寶喝維生素K_2糖漿。

且在一個月的健診時再讓寶寶喝一次，故此病症幾乎銷聲匿跡。

少數在家出生的寶寶，若只餵食母乳的話，有患此病的危險，可前往附近的小兒科請醫生開處方給寶寶喝下，以防萬一。

●肺炎

嬰幼兒的疾病當中，以肺炎的死亡率最高，千萬不可掉以輕心。肺炎可分為病毒性肺炎、細菌性肺炎、微生物所引發的肺炎等等，肺炎會成為麻疹、百日咳、流行性感冒的併發症。

肺炎除了發燒之外（有些小嬰兒不會發燒），還會呼吸困難，若寶寶的病情持續惡化，應儘速送醫治療。

●麻疹

好發在嬰幼兒身上，特別是1歲前後的寶寶最易罹患，且易轉為重大疾病。但現今已普遍接種疫苗，患此病症的寶寶銳減。出生時從媽媽體內獲得麻疹免疫，但6個月大時即消失。

若提早送寶寶到托兒所，不要等到定期接種，寶寶6個月大之後，請自費接種麻疹疫苗，再將寶寶送到托兒所。若再收到預防接種的通知，不妨再接種一次。

開始發病的症狀：高燒、打噴嚏、流鼻水、咳嗽、有眼屎等，與感冒的症狀相似，不久，口腔內側的黏膜出現白色的斑點（科普克氏斑，Koplik's spots，麻疹的特徵）。

好不容易退燒，不到半天又燒起來的同時，出疹子了。前後需10～14天左右的療程，才會痊癒。沒有接種疫苗的人接觸到麻疹患者，若6日內注射γ球蛋白的話，可能不會發病，或減輕發病的症狀。

●百日咳

剛出生的新生兒可能立即感染此病。百日咳會併發肺炎，嚴重的話會死亡。

百日咳的特徵：不發燒。流鼻水、咳嗽、打噴嚏等，與感冒的症狀相同，一天咳好幾次而且咳得越來越厲害。連續咳咳咳，吸氣後會出現「咻—咻—」的聲音。特別是晚上睡覺時咳的更厲害。不咳的時候，會嘔吐。

寶寶的病況易轉趨嚴重，應積

極接種疫苗。目前採集體接種，注射三種混合疫苗，寶寶4個月大左右即可接種。要提早送托兒所的寶寶更應及早接種。

●德國麻疹

主要症狀：輕微的發燒，身體出現紅色小點，耳後或腿部的淋巴結腫脹，約3天左右即可治癒，算是較輕的病症。

若懷孕初期的孕婦感染德國麻疹的話，對胎兒會有嚴重的不良影響。不曾罹患德國麻疹的婦女，在懷孕前應接受抗體檢查，若體內沒有抗體，可在懷孕前接種德國麻疹疫苗，接種之後的3個月內須避孕。

●泡疹性咽峽炎

屬夏季感冒之一。寶寶突然高燒至39℃，喉嚨痛，食慾低，同時喉嚨內部的黏膜出現小水泡，水泡破了即潰瘍，需5～6日才能治癒。

此期間不論吃什麼東西都會痛，且無特效藥。不妨吃少量、冷的流質食物，因冷的東西有麻醉的效果，可緩和疼痛。

●疣

膚色表面有光澤，中央處隆起的疹子成為疣，會擴散到身體各處，也會傳染給別人，屬於病毒性的皮膚病。托兒所、幼稚園、游泳池等都是傳染的途徑。

若不理會它，會越長越多，應儘早前往皮膚科接受治療，可用小鑷子夾除。

●水痘

以水泡為主要症狀的傳染性疾病。不發燒，或發燒也只是輕微的。初期長出又小又紅尖狀的疹子，不久疹子變成米粒→小豆子→豌豆般大的水泡，水泡接連不斷的出現，同時可看到紅疹、水泡及膿痂。

發疹的數量因人而異，眼眶四周、肛門周圍、陰莖的前端、外陰部等都可能長紅疹。療程約2週，疹子才能完全消退，若抓破水痘，容易引發第2次的細菌感染。

可擦化膿藥或止癢的藥劑。不可冷、熱敷。大人若感染的話，病情也會很嚴重，故請接種疫苗。

●溶連菌感染症

好發於4～7、8歲左右的孩童。突然發高燒、喉嚨痛、頭痛，之後全身出現鮮紅的小疹子，只有嘴巴周圍是一般的膚色。舌頭也長出如草莓狀的顆粒。

此病症的特效藥是盤尼西林，須連續用藥2週，但為防止使用盤尼西林而引發腎炎，故治癒之後，須做尿液檢查。

●輪狀病毒感染症

好發於9個月～1歲半的寶寶。

冬季，許多寶寶腹瀉，多數是因得了輪狀病毒感染症。出現嚴重的上吐下瀉，嘔吐物如米漿般，應先補充寶寶水分以防脫水。

若寶寶減少小便次數則是脫水的徵兆，應儘早送醫治療。打點滴補充水分防止脫水。

各症狀的護理方式

量體溫

用電子體溫計量腋溫時，若寶寶腋下出汗，請將汗擦掉後再量。耳溫槍只要數秒鐘即可知道體溫，適用於不喜歡量體溫的寶寶，能不費吹灰之力即知寶寶的體溫。務請依照說明書上的指示使用。

發燒

①寒冬爲保暖，將熱水袋放入棉被中保暖，熱水袋要鎖緊，再用毛巾等包裹，放在離寶寶腳部10公分處。注意不可直接放在腳上，會有燙傷的危險。

②寶寶發燒可讓他睡冰枕，冰枕中可加入水或冰。寶寶排斥或覺得冰枕不好睡時，不可勉強使用。將冰枕放在他的身邊即可。

腹瀉

寶寶腹瀉時，第一要務補充其水分，以防止脫水。冷的湯汁、蔬菜湯、嬰兒專用的電解質飲料或蘋果泥等，都是不錯的選擇。

因寶寶的屁股容易潰爛，故須經常換尿布，且每次都要以熱水將寶寶的小屁屁擦拭乾淨並保持乾爽。可準備一個洗屁股專用的小臉盆裝熱水，小屁屁洗完後要擦乾。

如果寶寶的屁股容易潰爛的話，可請醫生開藥水擦拭。

咳嗽

①寶寶躺著咳的很難受時，媽媽可以扶起他並以空掌輕拍背部，如此可舒緩不舒服。寶寶因咳嗽而容易吐，要將他的頭轉向側面，以防止嘔吐物堵住氣管。

②寶寶咳嗽不止，此時須提高屋內的濕度，可在房間的中央，放置加濕器或掛熱毛巾。

吃藥

①餵藥水時抱著寶寶，將吸有藥水的吸管放入口腔內側，將一次的藥量放到其他的器具，一點一點少量的餵他喝下。亦可利用嬰兒奶粉所附的計量湯匙，由於底深前端細，倒入一次的藥量，餵寶寶喝，不但方便且不易翻倒。

②將一次的藥粉量倒入杯中，加水成黏稠狀。把藥塗在口腔內側，再讓寶寶喝水。寶寶不喜歡吃藥的話，可以加一點點的糖。千萬不可加在牛奶或果汁中。

灌腸

①便秘時幫寶寶灌腸。可在浣腸前端塗上橄欖油。在肛門周圍塗上橄欖油有刺激排便的功能。

②不要每次都用浣腸。讓寶寶仰臥後身體側向一邊，將浣腸注入肛門。媽媽用手指壓住他的肛門。

易發生的意外事故及防範方法

家中何處是寶寶容易發生意外的地方？根據調查，嬰兒事故的前三名是：跌倒、窒息、誤食。媽媽應配合寶寶的成長，採取有效措施防範寶寶發生事故。

1歲以前，最容易發生跌倒，突然從床上或沙發上翻滾下來。造成窒息的頭號殺手是鬆軟的寢具，寶寶尚無法將自己的頭抬高，此時枕頭及棉被都是危險物品。

容易發生誤食的時間是媽媽正忙著做家事的時候。以誤吃香煙的情況最多，故大人們要養成將煙灰缸或煙蒂收拾乾淨的好習慣。還有洗澡時溺斃的事故也令人防不勝防。要將浴室的門上鎖，洗澡、洗衣服之後，請將浴缸、洗衣機、水桶等所剩的水倒掉。

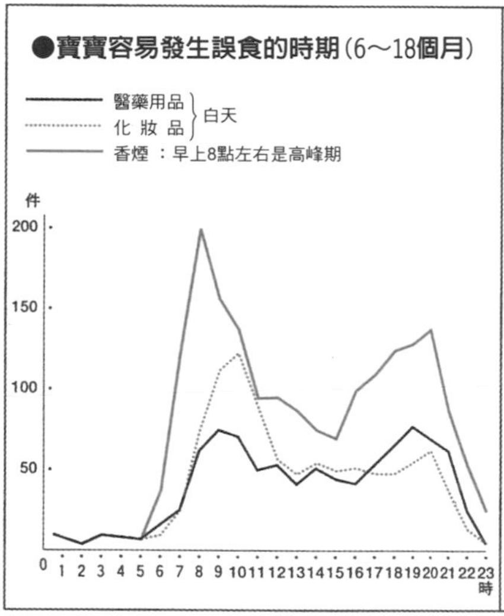

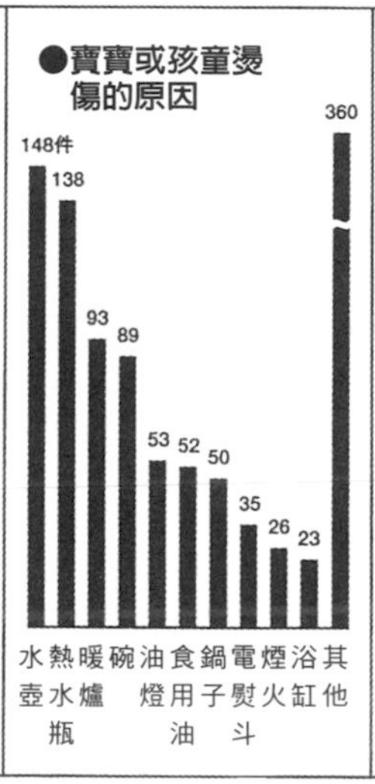

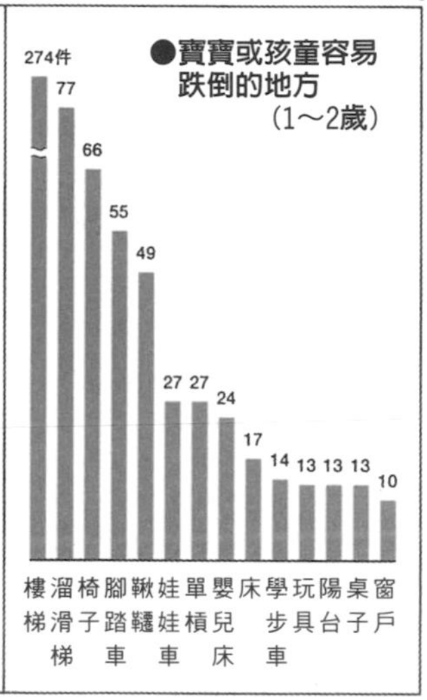

●防止事故發生的防護商品

瓦斯爐防護罩

放在開關的前端，防止寶寶亂玩開關及燙傷。

防護柵欄

除了木製的寶寶防護柵欄外，此類商品以網狀為主流。寬度可隨意調整，且有不夾傷手指的設計。

防止家庭事故的各種防護商品

固定用的魔術膠帶
貼在單門的冰箱上，不會傷及材質簡單易貼，貼的位置要高，不要讓寶寶摸到。

上鎖器
木門或寶寶防護罩的上鎖器，與門的固定器一樣的功效，防止夾到手指。

抽屜的門鎖
用在放有菜刀等危險物品的抽屜。即使打開，其空間也只能容下一根手指而已。大人要打開抽屜時，先解除門鎖再開。

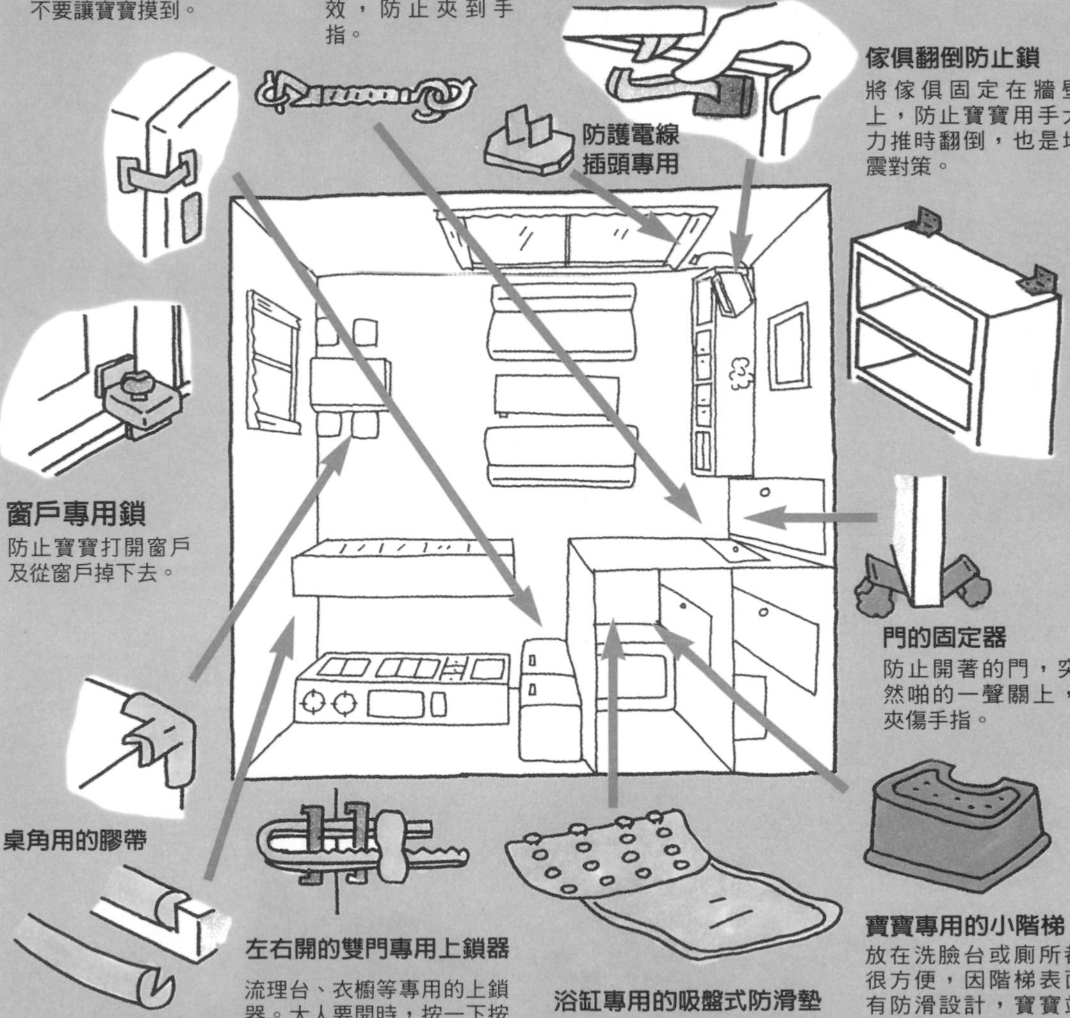

傢俱翻倒防止鎖
將傢俱固定在牆壁上，防止寶寶用手大力推時翻倒，也是地震對策。

窗戶專用鎖
防止寶寶打開窗戶及從窗戶掉下去。

門的固定器
防止開著的門，突然啪的一聲關上，夾傷手指。

桌角用的膠帶
貼在桌角上，以防止撞擊並減輕撞擊的衝力。

左右開的雙門專用上鎖器
流理台、衣櫥等專用的上鎖器。大人要開時，按一下按鈕，移開溝槽即可打開。

浴缸專用的吸盤式防滑墊
防止腳伸進浴缸時不慎滑倒。

寶寶專用的小階梯
放在洗臉台或廁所都很方便，因階梯表面有防滑設計，寶寶站在上面不會滑倒，且底座是橡膠製也可防滑。

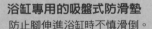

家庭内的
意外事故

基礎急救法

燙傷

急救的重點：首先要保持冷靜，接下來爲防止感染須保持清潔。因冷水有緩解疼痛的效果，不要脫掉衣服、襪子直接用冷水沖。夏天可放入冰塊，冬季要注意不要使體溫降低，儘可能在冷水中浸泡15分鐘以上。燙傷的面積如大人的手掌大時，應立即送醫治療。

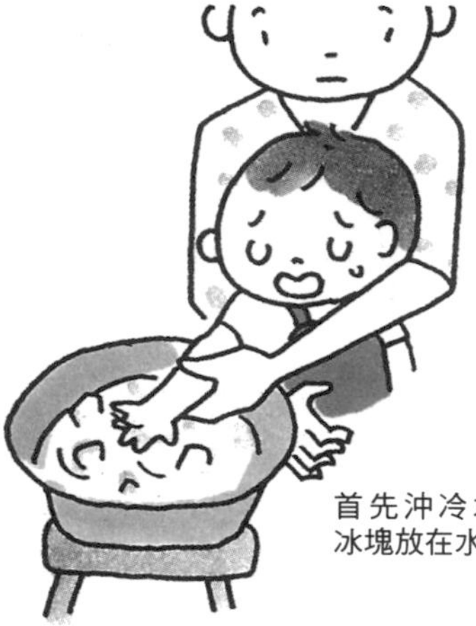

首先沖冷水，把冰塊放在水中。

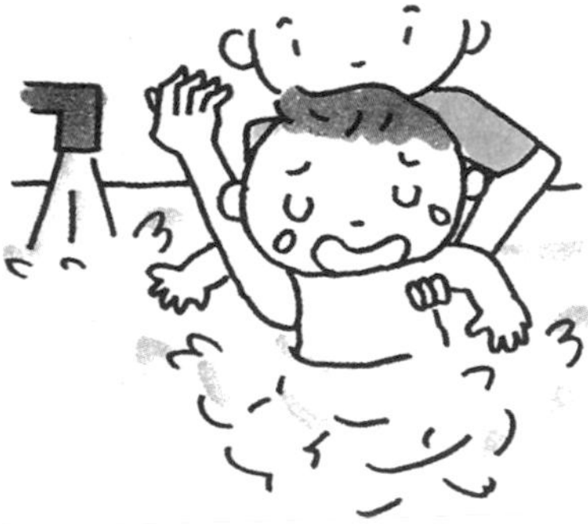

燙傷面積大時，將寶寶全身浸在浴缸中。

擦傷

①不要使傷口擴大，用清水沖掉泥沙。
②用優碘等消毒藥水徹底的消毒乾淨。

耳朵進水

用棉花棒等，輕輕的伸入耳朵把水吸出。

腫包

寶寶撞到頭部出現腫包時，讓他睡冰枕，用冰毛巾冰膚腫包，讓他安靜的躺著。記住不可用力搓揉腫包。

割傷

用清潔的紗布(或手帕)用力壓住傷口止血，再用優碘等消毒藥水消毒乾淨。

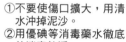

初次懷孕全程照護必看

我要當媽媽了
安心懷孕，輕鬆生產

婦產科醫師　雨森良彥、松本智惠子◇合著
黃茜如◇譯

從懷孕第一天開始到生產，
和胎兒一起愉快度過懷孕期，
輕鬆、平安的生產！

定價220元

1分鐘搞定

0～12個月的寶寶

媽咪安心手冊2

作者：光山恭子、上田玲子
譯者：黃茜如
主編：羅煥耿
責任編輯：黃敏華
編輯：陳弘毅
美術編輯：鍾愛蕾、林逸敏

發行人：簡玉芬
出版者：世茂出版有限公司
地址：（231）台北縣新店市民生路19號5樓
登記證：局版臺省業字第564號
電話：（02）2218-3277
傳真：（02）2218-3239（訂書專線）·（02）2218-7539
劃撥：19911841·世茂出版有限公司
單次郵購總金額未滿500元（含），請加50元掛號費
電腦排版：造極彩色印刷製版股份有限公司
印刷：長紅印製企業有限公司
初版一刷：2003年6月
　　四刷：2008年5月
OKAASAN NO HATARAKIKAKE DE KOKORO MO KARADA MO YUTAKA NI SODATSU 12KAGETSU

定價：220元

國家圖書館出版品預行編目資料

１分鐘搞定0～12個月的寶寶／光山恭子，上田玲子合著；
黃茜如譯. --初版. --台北縣新店市：世茂，民92
面；公分. --（媽咪安心手冊；2）
ISBN 957-776-506-8（平裝）

1.育兒 2.兒科

428 92009090

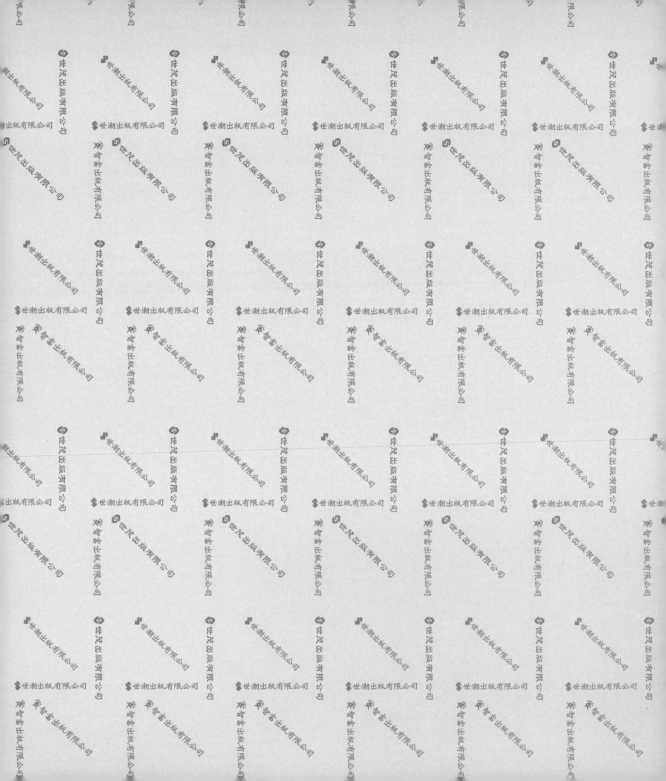